U0365031

基金资助：本书得到了国家自然科学基金"技术创新网络惯例形成及在网络治理中的作用机理研究"（71372171）的资助

技术创新网络惯例、关系机制与治理目标

常红锦 / 著

经济管理出版社
ECONOMY & MANAGEMENT PUBLISHING HOUSE

图书在版编目（CIP）数据

技术创新网络惯例、关系机制与治理目标/常红锦著. —北京：经济管理出版社，2017.6
ISBN 978 - 7 - 5096 - 5164 - 3

Ⅰ.①技… Ⅱ.①常… Ⅲ.①计算机网络管理—研究 Ⅳ.①TP393.07

中国版本图书馆 CIP 数据核字（2017）第 137180 号

组稿编辑：谭　伟
责任编辑：谭　伟
责任印制：黄章平
责任校对：赵天宇

出版发行：经济管理出版社
　　　　　（北京市海淀区北蜂窝 8 号中雅大厦 A 座 11 层　100038）
网　　　址：www. E - mp. com. cn
电　　　话：（010）51915602
印　　　刷：北京玺诚印务有限公司
经　　　销：新华书店
开　　　本：720mm×1000mm/16
印　　　张：11.5
字　　　数：198 千字
版　　　次：2017 年 6 月第 1 版　2017 年 6 月第 1 次印刷
书　　　号：ISBN 978 - 7 - 5096 - 5164 - 3
定　　　价：48.00 元

前　言

　　本书从关系视角出发,从机制层面研究网络惯例对网络治理目标的影响。在技术发展日新月异的今天,技术创新网络成为实施技术创新活动的重要组织形式,网络治理引起了学者们的高度关注。学者与实际管理工作者日益认识到网络惯例是保证网络成员企业之间交流、学习和合作顺利进行的一个关键要素。有部分学者发现,网络惯例通过组织间关系对网络运行效率起作用。但是,现有研究缺乏惯例在网络中作用机制的针对性研究成果。在技术创新网络运行过程中,关系互动是网络中组织间的主要行为之一,组织间互动的顺利运行需要有效机制的保障。因此,迫切需要结合技术创新网络组织间互动特征,从机制层面探索网络惯例对技术创新网络治理目标的作用机理,从而为实现技术创新网络治理目标,提高技术创新网络绩效提供新的思路和工具。

　　本书首先在理论综述的基础上,对技术创新网络中的网络惯例、关系机制进行了界定,并将网络惯例划分为合作创新行为默契和创新网络规范共识两个维度;将关系机制划分为共同信任、关系承诺和关系嵌入三个维度;将网络治理目标划分为网络稳定、创新独占和知识共享三个维度。其次分析了网络惯例对网络治理目标的作用,构建了网络惯例—关系机制—网络治理目标的理论模型,并提出了相应假设。最后,运用探索性因子分析、逐步多元回归分析,对517家国内企业的调查数据进行了实证分析并得出相关结论。

　　概括起来,本书的创新性成果主要表现为以下几个方面:

　　首先,界定了关系机制,并将关系机制划分为共同信任、关系承诺和关系嵌入三个维度。多数学者将关系机制作为单维度变量进行研究。虽然近年来学者们逐渐将关系机制作为一个多维变量进行考虑，但现有文献对关系机制的界定及维度划分，针对不同的研究对象，划分并不一致。本书通过文献整理将技术创新网络中的关系机制划分为共同信任、关系承诺和关系嵌入，为相关的研究奠定了基础。

其次，构建了网络惯例—关系机制—网络治理目标的关系模型并实证检验，根据实证检验结果，得出相关结论。在现有文献中，有部分学者发现网络惯例通过组织间关系对网络运行效率起作用，但是现有研究缺乏惯例在网络中的作用机制的针对性研究成果。在技术创新网络运行过程中，关系互动是网络中组织间的主要行为之一，组织间互动的顺利运行需要有效机制的保障。因此，在以往文献分析的基础上，本书构建了网络惯例—关系机制—网络治理目标的关系模型并实证检验。研究发现，技术创新网络中，企业间共同信任分别在合作创新行为默契与知识共享、合作创新行为默契与创新独占关系中起完全中介作用；企业间共同信任分别在创新网络规范共识与创新独占、知识共享关系中起部分中介作用。企业间关系承诺分别在合作创新行为默契与知识共享关系中起部分中介作用，关系承诺在创新网络规范共识与创新独占、创新网络规范共识和知识共享中起部分中介作用。

再次，厘清了网络惯例不同维度对网络治理目标的影响作用。学者们已经认识到网络惯例对网络治理的重要性，认为惯例有助于维持网络的稳定、组织间有效合作和知识共享等。但当前的相关研究还未对二者的关系进行深入的研究，尚未能将网络惯例不同维度对网络治理目标的影响进行清晰的阐述。本书在以往文献分析的基础上，将网络惯例划分为合作创新行为默契与创新网络规范共识两个维度，深入分析了网络惯例不同维度对网络治理目标的影响作用。研究发现，技术创新网络中，适度的合作创新行为默契能够维持网络稳定，随着合作创新行为默契水平的提高，创新独占水平和企业间知识共享也会提高；适度的创新网络规范共识有助于维持网络稳定，随着创新网络规范共识的提高，创新独占水平和促进企业间知识共享水平将会提高。

最后，从机制层面揭示了关系机制对网络治理目标的影响。现有研究已经开始认识到，对于技术创新网络这种高度松散的合作创新网络的有效治理，应建立在对于其组织间关系深入认识的基础之上。并有部分学者从机制层面对组织间关系与关系治理的关系进行了研究，但技术创新网络是一种特殊的组织形式，组织间关系的维持需要一个完整多维的机制保障。基于此，本书从共同信任、关系承诺和关系嵌入三个维度，深入分析组织间关系机制对网络治理目标的影响作用。研究发现，技术创新网络中，企业间共同信任能够促进网络稳定、创新独占和知识共享；企业间关系承诺有利于提高网络稳定、创新独占和知识共享；企业间关系嵌入有利于提高网络稳定和知识共享。

　　总之，本书在一定程度上丰富和拓展了技术创新网络治理现有的理论研究，在实践上对技术创新网络中治理方式的有效选择也具有借鉴意义。

目　录

第一章　引言

一、研究背景

（一）现实背景

在技术发展日新月异的今天，单个企业很难全面掌握技术创新所需要的最新知识，所以企业的技术创新活动就越来越依靠创新网络为其提供更多有价值的资源和信息。如宝洁公司通过无界协作和联合研发，广泛探寻和结合外部网络的智慧与能力，使其创新成功率提高了两倍多，而创新成本却下降了二成，为宝洁和合作企业带来共赢的价值。AIRBUS 更是多国技术创新网络的典范，以联合创新为指导思想，网络协同研发、设计、制造，快速持续地推出包括 A380 在内的空客系列飞机产品，造就了可与波音抗衡并共同垄断世界民用飞机制造业的地位。同样地，IBM、丰田公司和海尔集团等无不把创新网络作为最佳研发形式，利用其内嵌的组织结构和灵活的协调方式调动分散、多样化的知识资源来进行企业的技术创新。

技术创新网络是建立在知识基础上的复杂社会网络组织，尽管有许多成功案例，但更多的实践也表明，这种复杂的技术创新合作组织也有很高的失败率。美国麦肯锡咨询公司研究报告指出：自20世纪90年代以来，被调查的800多家参与技术合作创新的美国企业，大部分合作关系在短期内解体，仅 40% 的这种合作关系能维持超过 4 年。在我国，有研究表明这种企业间技术创新合作实践的失败率也高达 50% 以上。实践中如此高的失败率，其根本原因在于这种合作创新组织的网络治理问题没有得到有效解决。

技术创新网络组织的治理有其自身的特殊性，这主要是由于技术创新网络组织结构和运行的三个复杂特点：一是技术创新网络组织的网络整体性与网络结点独立性特征都十分显著，在结构上具有典型的松散耦合性；二是技术创新网络创新行为的协同性要求与其组织成员目标之间常常存在着差异性与冲突，这种组织成员之间在业务上要求密切合作、在利益上又存在一定冲突的竞合关系，使得技术创新网络中存在较高的机会主义和投机性；三是技术创新网络所对应的复杂创新活动具有突出的信息不对称和契约不完全等特点，导致对这种创新组织进行协调治理时，传统的治理方式难以取得令人满意的效果。因此，与传统的合作组织乃至一般的网络组织相比，技术创新网络组织治理更侧重于合作创新过程中规范创新行为与协调组织间关系。因此，技术创新网络这种特殊组织的治理问题成为合作创新中亟待解决的关键问题。

技术创新网络是合作创新组织间关系的集合，因此决定了技术创新网络治理的本质是网络成员组织间的关系治理。在参与完成国家自然科学基金（70972051，70672089）的调查研究过程中发现，技术创新网络组织在合作创新过程中存在相对稳定的组织惯例，而且创新网络惯例协调网络成员间相互之间的合作行为，管理者有意无意地使用网络惯例协调网络成员组织间关系，促进合作效率。丰田公司、IBM 和华为等公司在其所建立的研发网络中，创新惯例使得产品从研发到销售得到了快速发展，并逐渐成为 IT 领域的领军企业。

以丰田公司为例，丰田公司是日本最大、世界第二大汽车公司。丰田凭借其独特的地域和文化优势，从 30 年前就开始图谋中国市场。在过去的几十年里，它在中国步步为营地建立了庞大的销售、服务、零部件供应网络，丰田网络中的企业具有很强的网络认同感，并建立了一系列的规则来支持网络中的协调、交流和学习，这也是丰田未来要在中国称雄的资本。

首先，通过网络级的知识共享惯例来建立对网络的认同。丰田网络之所以能够更有效地实现知识共享，在于存在一种强烈的网络认同感，可以降低知识共享的成本。丰田汽车通过一系列机制来促进"共存共荣"的理念，树立网络认同。最重要的机制包括建立供应商协会，在丰田汽车内部建立操作管理咨询部门，在供应商之间建立学习团队，企业间人员流动。这些机制促进了网络成员之间共同语言、规则的形成，培育了一种供应商对网络的认同、"共存共荣"的网络文化和倡导知识共享的网络规则，这将在丰田公司和供应商以及供应商之间建立高度信任关系，增加网络联结的密切程度，从而使网络关系在稳定中发展壮大，减少投机行为和知识保护，促进网络中的知识共享。

　　其次，建立知识保护和价值分配的网络规则。丰田要求所有供应商公开自己的所有生产诀窍，以便让网络中其他企业分享，从而建立起一种规范，即除了特定的产品设计技术，一个企业所拥有的知识在企业网络中不能是私有的。丰田汽车在其生产网络中建立起了一个互惠的知识共享规范，对供应商提供免费的技术支持，帮助供应商吸收丰田的知识存量。丰田要求供应商必须向网络中的其他成员开放自己的工厂，只有这样它们才能获得丰田的无偿咨询服务以及参与丰田的供应商学习小组。这就减少了"搭便车"现象，因为进入丰田企业网络的代价就是向其他企业公开自己的知识基础。丰田也建立了对知识转让中所产生的剩余进行分配的规则。这些规则提高了供应商们参与网络知识转让行动的积极性。

　　可以看出，丰田网络之所以能够有效地实现知识共享，关键的是高度整合、紧密联系的网络惯例和网络规则的建立。这些惯例和规则培育了联盟网络中丰田与供应商之间的共同的目标和网络认同，促进了供应商之间对合作共享价值和学习规则的理解，加强了网络组织间的互动，从而减少了矛盾冲突和知识保护行为，提高了知识共享的意愿和投入，从而实现网络的治理目标。

　　然而，现有有关网络惯例与网络治理方面的相关理论研究成果尚不多见，尚未形成系统的理论研究框架，远远滞后于实践发展的需要。尤其是在我国已经明确提出以创新为驱动提高国家的自主创新能力并建设创新型国家的发展战略的背景下，亟须结合技术创新网络组织治理的复杂特点和要求，从关系视角开展网络惯例在技术创新网络成员组织间协调作用方面的理论研究。

（二）理论背景

随着技术创新在经济发展和企业竞争中地位的不断上升，人们对技术创新的理解和认识也发生了深刻的变化，技术创新网络及其相关研究受到研究者较多的关注。与此同时，随着网络组织的形成，依托于产业集群、区域产业网络的网络治理也正成为学者们研究的热点问题。技术创新网络组织在结构上具有典型的松散耦合特征，网络整体性与网络结点独立性特征都十分显著。企业加入技术创新网络，缘于自身技术资源的有限性与外部资源依赖特别是技术资源的依赖。网络内不同节点运作于不同的社会、经济、技术、制度环境，各节点在业务上是一种合作关系，在利益上又存在一定的竞争关系。这些特点使得技术创新网络中存在较高的机会主义和投机性。由此决定了技术创新网络治理的本质是网络成员组织的关系治理（Li，2007）。学者们对组织间关系的一个主要研究分支是关注合作的管理过程，主要探索信任、承诺、嵌入性、沟通等，这些都将提高合作效率（Lavie，2012）。如 Paul S. Adler（2001）认为，信任可以极大地减小交易成本（以握手代替合约）和代理风险（以互持信心代替对逃避责任和谎报的担心），从而大大地缓解由知识的公共产品特征而造成的合作困难，并且，对于只可意会不可言传的知识来说，信任是有效的知识交流的先决条件。随着知识管理成为决定业绩的越来越重要的因素，信任成为越来越有吸引力的对经济代理人的管理。Morgan（1994）认为关系承诺将有助于交易伙伴之间的合作，这种合作也包括交易伙伴间的信息共享行为。相反，关系承诺的减少可能会使得交易伙伴产生放弃长期合作的想念（Sharma N.，Patterson P. G.，1999）。Yang J. 等（2008）的实证研究结果表明关系承诺对供应链联盟关系稳定性有显著正向影响。Uzzi 认为，社会结构中交易关系的嵌入性能降低甚至消除由于谈判和签订合同而带来的高成本。Schumpeter（1950）和 Granovetter（1985）则揭示了嵌入性对经济行为的积极影响，特别是基于企业间关系网络的背景。

　　学者与实际管理工作者日益认识到网络惯例在协调网络成员间合作行为的作用，是保证网络中企业之间交流、学习和合作顺利进行的一个关键要素。学者们已取得了一些重要成果。如 Gunno Park 和 Jina Kang（2013）通过以往技术联盟中组织间惯例相关研究的总结得出：基于组织间惯例提高了联盟管理能力从而使企业进行联盟管理。同时惯例提高了联盟组合能力，使企业能有效地管理合作伙伴。（Hoang & Rothaermel，2005；Kale，Dyer & Singh，2002；Rothaermel & Deeds，2006）。陈学光和徐金发（2006）认为网络组织的惯例是一种维持网络组织存在的内在力量和运作机制，也是保持网络组织内部成员间关系处于某种状态的一种特性；他们从演化论的视角，采用动态观察的方法，从网络组织层面上解释组织与惯例的关系，认为网络组织的运作机制很大程度上是由惯例在维持；网络组织惯例是网络组织成员重复交往过程中形成的相对稳定的"联合行动"方式。Markus C. Becker（2005）认为组织惯例至少以两种不同的方式促进协调。惯例的交互行为模式让其他人在以后的时期形成一个人的行为期望。稳定的行为因此为行动者提供决策基础。这种预期纳入到有较高相互契合的决策中，从而达到更高的协调；惯例的认知方面也有利于协调（如交互伙伴的解释框架的重叠）。惯例行为比非惯例行为更容易监控和测量，并利用行为模式序列变化和行为模式的频率两个维度衡量惯例，提出经常性交互模式即惯例的频率越高，组织存在的协调问题越少。其中，经常性交互模式频率指的是某一时间段内同一交互模式重复的程度。随着经常性交互模式频率的提高，组织之间对彼此的理解有所增加（Feldman & Rafaeli，2002），组织之间建立起共同的思维方式，知识存储更有可能融合，形成了共同工作的凝聚力（Anand，Clark & Zellmer‐Brulln，2003）。因此，组织之间的行为更加容易预测，有利于彼此之间的协调（Becker，2005）。

　　与此同时，学者们还结合网络惯例、组织间关系与网络治理三者的关系进行了一些理论研究。学者们认为网络惯例主要通过协调组织间关系提升网络效率。如 Gittell（2002）探讨了惯例以及其他协调机制对业绩的影响，并通过病人护理方面的数据进行验证，结果发现惯例对业绩的影响是通过协调成员的关系而起作用，惯例通过强化参与者之间的互动对业绩产生积极影响。Gittell（2004）将组织惯例进行了扩展，从网络视角对惯例进行了跨层次的研究，他提出了三个观点。观点一：组织内惯例通过加强组织内协调网络提高业绩的质量和效率。观点二：组织间惯例通过加强组织间协调网络提高业绩的质量和效率。观点三：组织间和组织内惯例的相似性通过加强组织内和组织间的接口网络提高业绩的质量和效率，并利用病人护理的相关数据进行了验证。Lavie 等（2012）扩展了有关组织间文化差异的研究，同时研究伙伴组织间运营惯例差异的作用。通过对信息技术行业 420 家非股权联盟分析证明，伙伴内部任务惯例和营销惯例的不同破坏组织间共同信任、关系承诺和关系嵌入，从而影响联盟绩效。Langlois 和 Robertson（1995）称惯例作为一种协调手段，要比契约更加有效，甚至可以在一定程度上取代合同并最终使合同变得不再必要，而在联盟关系的网络中，这种基于惯例的治理更加有利于网络的稳定和知识的转移（Lee & Cavus Gil, 2006）。

综上所述，在组织间关系到网络治理的研究方面，学者们主要从组织间信任、承诺、沟通、嵌入等方面研究组织间关系在网络治理中的作用。并有部分学者结合惯例研究组织间关系和网络治理的研究，认为惯例通过组织间关系有助于维持网络的稳定、组织间有效合作和知识共享等。因此，从关系视角分析网络惯例对网络治理目标将是一个重要的研究方向。然而，虽然前人在网络惯例、组织间关系及网络治理方面取得了一些研究成果，但没有形成系统的理论研究框架，远远滞后于实践发展的需要。主要表现为以下几个方面：

首先，在网络惯例与组织间关系方面，学者们尚未能将网络惯例细分为不同维度，深入分析网络惯例不同维度对组织间关系的影响。已有文献主要从惯例对组织间协调和分别对组织间信任、承诺和嵌入等方面展开。但当前的相关研究尚未能将网络惯例不同维度对组织间关系的影响进行清晰的阐述。惯例构念方面的研究表明，惯例包括行为和认知两个方面，因此只有从行为和认知两方面深入分析网络惯例对组织间关系的影响，才能全面理解网络惯例对组织间关系的影响作用。

其次，在组织间关系与网络治理方面，将关系机制作为多维变量研究其对网络治理的研究还很少见。学者们主要集中研究组织间信任、承诺和嵌入与网络治理的关系方面，并有部分学者从机制层面对组织间关系与网络治理的关系进行了研究，多数学者将关系机制作为单维度变量进行研究。虽然近年来学者们逐渐将关系机制作为一个多维变量进行考虑，但针对不同的对象，划分并不一致，而且将关系机制作为多维变量研究其对网络治理的研究还很少见。技术创新网络是一种特殊的组织形式，关系的维持需要一个完整多维的机制保障，因此，有必要将关系机制作为一个多维变量深入研究组织间关系对网络治理的作用。

最后，在网络惯例到网络治理方面，缺乏对网络治理影响机制的深入分析。学者们已经认识到网络惯例对网络治理的重要性，认为惯例有助于维持网络的稳定、组织间有效合作和知识共享等。并有部分学者发现网络惯例通过组织间关系对网络运行效率起作用。但现有研究缺乏对网络治理影响机制的深入分析。组织间的关系机制较大程度上决定了网络的运行效率，因此对网络惯例影响网络治理的机制进行分析，具有较强的理论与实践意义。

理论与实践均表明，从网络层面对惯例进行分析，研究网络惯例在技术创新网络治理中的作用机理，对于合作创新组织的发展以及企业自主创新能力的提高，特别是对我国开放式复杂技术创新合作组织的建立与有效运行，都具有重要的理论意义和现实指导意义。

因此，本书将技术创新网络的本质要求与组织间关系研究相结合，探讨网络惯例在网络治理中的作用，为我国合作技术创新组织管理提供理论与实证支持。

二、研究的目标和意义

本书不仅基于理论发展的提升，更在于对现实问题解决的指导。技术创新网络的有效治理，不仅在于从理论上探讨网络惯例在网络治理中的作用方式及其机理，更在于通过有效的网络治理，提升网络环境下我国企业自主创新能力。本书的主要目标和意义体现在如下方面。

（一）研究目标

本书不仅基于理论发展的提升，更在于对现实问题解决的指导。技术创新网络的有效治理，不仅在于从理论上探讨网络惯例对网络治理目标的影响作用，更在于通过有效的网络治理，提升网络环境下我国企业自主创新能力。本书从技术创新网络这一现实的合作创新组织形式出发，从关系视角研究技术创新网络惯例对网络治理的影响，探索技术创新网络惯例、组织间关系机制以及网络治理目标之间的内在联系及其根本规律，为技术创新网络有序协调运行、成员企业及网络绩效的提升提供理论及政策依据。本书的具体目标体现在如下方面：

（1）从行为和认知两方面分析不同网络惯例表现下，技术创新网络中组织间关系机制各维度的差异，揭示网络惯例对关系机制的影响作用。

（2）分析关系机制的不同维度对技术创新治理目标各维度的影响作用。

（3）构建网络惯例—关系机制—网络治理目标的关系模型，实证检验并得出相关结论。

（二）研究意义

1. 理论意义

本书建立在长期调研与前期研究成果所形成的基本认识的基础上，构建技术创新网络中网络惯例对网络治理目标影响的理论模型，并通过实证研究来证实理论研究的正确性与适用性。其理论意义主要体现在以下几方面：

（1）从认知和行为两方面研究了网络惯例不同维度对网络治理目标的影响作用。以往关于网络惯例作用的研究，惯例对组织间关系的协调是惯例作用的一个主要方面。学者们关注了网络惯例对组织间关系协调的影响，并已认识到网络惯例对网络治理的重要性，认为惯例有助于维持网络的稳定、组织间有效合作和知识共享等。代表性的文献主要有 Gittell（2004）提出组织间惯例通过加强组织间协调网络提高业绩的质量和效率。Lavie 等（2012）研究伙伴组织间运营惯例差异的作用。通过对信息技术行业 420 家非股权联盟分析证明伙伴内部任务惯例和营销惯例的不同破坏组织间共同信任、关系承诺和关系嵌入，从而影响联盟绩效。Markus C. Becker（2005）提出惯例的行为和认知方面都对协调起作用，并重点讨论合作创新行为默契程度对组织间协调的影响。然而，现有研究还未对二者的关系进行深入的研究，尚未能将网络惯例不同维度对网络治理的影响机理进行清晰的阐述。正是基于这样的研究现状，本书将网络惯例划分为两个维度，深入分析了网络惯例不同维度对网络治理目标的影响作用。本书的研究是对已有网络惯例相关研究的补充与扩展。

（2）基于关系视角，从机制层面分析了网络惯例对网络治理目标的影响机理。现有研究已关注到了网络惯例对网络治理的影响作用，如学者 Gittell（2004）、Lavie（2012）等不仅分析了跨组织惯例对组织间关系的影响，而且分析了跨组织惯例通过影响组织间关系，从而对联盟或网络合作效率的影响。但是现有研究缺乏惯例在网络中的作用机制的针对性研究成果。在技术创新网络运行过程中，组织间关系互动是网络中组织间的主要行为之一，因此组织间互动的顺利运行需要有效机制的保障。因此，结合技术创新网络组织间互动特征，从机制层面探索网络惯例对技术创新网络治理目标的作用机理就变得非常必要。基于此，本书通过引入关系机制，解释了网络惯例对网络治理目标的作用路径，探析关系机制在网络惯例与网络治理目标关系中的中介作用，从而丰富了网络惯例作用方面的研究，为技术创新网络绩效的提高提供新的思路和工具。

（3）实证检验了网络惯例对网络治理目标的影响作用。现有研究关注到了网络惯例对组织间关系（Gittell，2004；Lavie et al.，2012；Markus C. Becker，2005）以及网络惯例在网络治理中的作用（Zollo 等，2002；Hoang & Rothaermel，2005；Kale，Dyer & Singh，2002；

Rothaermel & Deeds，2006），但现有有关惯例与组织间关系或网络治理目标的研究大都集中在定性研究，有关二者关系的实证研究在现有的研究中还很少见到。因此无法很好地为现有的合作创新实践提供指导。因此，运用探索性因子分析、逐步多元回归分析，通过对517家国内企业的调查数据进行实证分析，验证了网络惯例对网络治理目标的影响机理。

2. 实践意义

我国产业技术创新战略联盟构建和创新型国家战略的实施，需要强有力的技术创新成果的支撑。本书旨在紧密结合我国技术创新组织管理实践，研究技术创新网络惯例对网络治理目标的作用机理，其实践意义主要体现在以下两个方面：

（1）通过对技术创新网络惯例本质的揭示，使得网络成员能够对于所处网络的合作模式与共同规范有清晰的认识，对于合作创新组织的构建与发展，维护技术创新网络的有序运行，提升合作创新绩效具有积极的现实意义。

（2）通过分析技术创新网络运行特点，从关系视角探析网络惯例对技术创新网络治理目标的影响机理，有利于应用惯例作用处理技术创新网络中的矛盾与冲突，维持网络稳定高效运行，促进网络中知识流动，保障技术创新网络中合作创新活动的有效实现，进而实现技术创新网络治理目标提供实践指导。

三、研究内容、研究方法及本书框架

（一）研究内容

建立在节点间关系基础之上的技术创新网络是一种复杂的社会网络，其治理的本质是一种关系治理。团队长期调研发现，网络惯例通过网络成员间共同的行为方式和节点对合作规范的共同理解建立和维持网络节点间的关系，从而影响节点间的相互信任、关系承诺以及关系嵌入等，并最终影响网络的稳定性、网络成员间的知识共享和创新专有等。本部分具体分为三个内容：

（1）网络惯例对关系机制的影响研究。在关系机制规范描述的基础上，从组织间合作行为和认知两个方面出发，剖析技术创新网络中，合作创新行为默契和创新网络规范共识对组织间共同信任、关系嵌入及关系承诺等方面的影响作用，揭示网络惯例对关系机制的影响作用。

（2）网络惯例通过关系机制影响技术创新网络治理目标的机理分析。以组织间交互关系为主导，剖析技术创新网络中，合作创新行为默契和创新网络规范共识表现对组织间共同信任、关系嵌入及关系承诺等方面的影响，进而围绕技术创新网络治理的目标，分析网络惯例合作创新行为默契和创新网络规范共识通过组织间共同信任、关系承诺及关系嵌入等，对网络稳定、知识共享以及创新专有等方面的影响作用，揭示网络惯例通过关系机制对技术创新网络治理目标的作用机理。

（3）以关系机制为路径的网络惯例对技术创新网络治理的模型构建。在前述研究的基础上，结合深度访谈、探索性因子分析和验证性因子分析等多种途径和方法，确定相关变量的维度，构建基于关系机制的技术创新网络惯例对网络治理目标影响的概念模型。并通过收集相关实证数据，运用多元回归等分析方法，对模型进行实证检验。

本书具体共分为七章：

第一章为引言。主要阐述研究的理论和现实背景，提出研究的问题，并对本书研究的主要内容和方法进行简介。

第二章为文献综述。主要围绕网络惯例与组织间关系、组织间关系与网络治理和网络惯例与网络治理的相关研究进行展开，并对相关研究进展进行了述评。

第三章为概念模型与研究假设部分。主要在第二章文献综述的基础上，构建了网络惯例—关系机制—网络治理目标的概念模型，并在文献分析及论述的基础上提出了本书的假设。

第四章实证研究设计部分。主要涉及研究变量的操作化，研究方法与资料分析等。介绍了本书实证分析的数据收集过程和样本的基本情况，主要说明本书实证分析的数据来源；并在参考现有相关文献的基础上，定义了各因子的测度，设计了测量量表。

第五章为数据与量表的质量检验部分。首先对本书所收集的数据进行了质量检验，为后文统计分析做好充分准备。其次利用数据对本书所涉及的八个变量的测度量表进行质量检验，结合调研得到的数据，利用 AMOS 软件对测量量表进行了中国情景下的信度与效度检验。

第六章为实证研究结果与分析。首先利用 SPSS 软件对数据进行层次回归分析处理，检验了本书的模型及研究假设，给出了验证结果并对结果进行了讨论。

第七章为结论与展望部分。首先对本书的研究工作进行了回顾，给出了本书的主要结论。其次说明了本书的创新点。对本书可能存在的不足也进行了分析并指出了进一步的研究方向。

（二）研究方法

本书收集典型技术创新网络治理活动的相关数据，运用探索性因子分析法、验证性因子分析等方法对量表进行信、效度检验，并利用多元回归等统计方法，借助 SPSS、AMOS 等软件分析技术创新网络惯例、关系机制与网络治理目标之间的相互关系。具体如下：

（1）文献分析。本书总结了国内外有关技术创新网络、网络惯例、关系治理和网络治理目标等方面的研究文献。理论研究成果、借助相关学科理论，提出理论研究框架和模型。

（2）问卷调查。在深入企业进行访谈的基础上进行问卷的设计，形成供发放的问卷。初步设计出本书问卷后，笔者通过广泛地征求研究团队成员和相关研究人员对问卷的意见，并对问卷进行了修改和完善。在利用问卷大范围进行数据采集之前，进行了调查问卷的预测试。在预测试问卷回收完成后，运用 SPSS 16.0 软件包进行了探索性因子分析，以保证正式问卷中变量测量的合理性，并在此基础上最终形成了本书的调查问卷。采取实际发放问卷与发放邮件相结合的方式进行大样本调查。

（3）实证研究。使用 SPSS 16.0 软件包对所设计的问卷进行信效度检验，并对获得的问卷调查数据进行逐步多元回归分析，检验本书提出的相关理论假设。

（三）本书框架

本书的框架结构安排如图 1-1 所示。

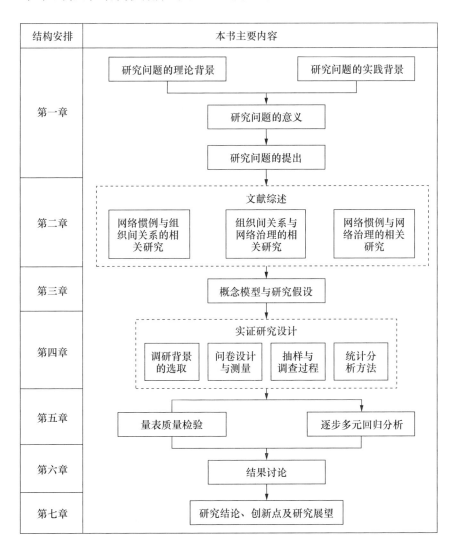

结构安排	本书主要内容
第一章	研究问题的理论背景　研究问题的实践背景 研究问题的意义 研究问题的提出
第二章	文献综述 网络惯例与组织间关系的相关研究　组织间关系与网络治理的相关研究　网络惯例与网络治理的相关研究
第三章	概念模型与研究假设
第四章	实证研究设计 调研背景的选取　问卷设计与测量　抽样与调查过程　统计分析方法
第五章	量表质量检验　逐步多元回归分析
第六章	结果讨论
第七章	研究结论、创新点及研究展望

图 1-1 本书内容与结构框架

第二章　文献综述

本书主要研究网络惯例对网络治理目标的影响作用，技术创新网络的特征决定了网络治理的本质是关系治理，因此本书的综述部分主要围绕网络惯例、组织间关系及网络治理这三个变量及其关系的相关研究展开。主要分为四部分，首先对网络惯例与组织间关系的相关文献进行了综述；其次对组织间关系与网络治理的相关研究进行了综述；再次对网络惯例与网络治理的相关研究进行了综述；最后对相关的内容进行了总结及评价。

一、网络惯例与组织间关系的相关研究

（一）网络惯例的相关研究方面

近年来，学者们根据不同的研究目的和研究视角对惯例进行了不同的描述，概括起来主要有三种解释。

最初 Nelson 和 Winter（1982）将惯例界定为企业所有的规则和可预见的行为模式的总称，并强调了惯例的两个主要维度：认知维度和动机维度。惯例的认知维度包含了组织基础知识和组织记忆（organizational memory）；动机维度控制了组织内的冲突，凸显惯例是一种休战（truce）协定。Feldman 和 Rafaeli（2002）将惯例定义为多个成员在执行任务时重复的行为模式。这个概念显示了惯例涉及多个主体，

并且多个主体之间存在联系，这种联系使成员之间可以为完成任务而相互传递信息。Becker（2004；2005）在系统梳理了惯例相关的研究之后，将惯例的定义归为三类：循环交互的行为模式，组织的规则以及标准化的作业程序，表达一定的行为和思想的行动部署。这种解释认为惯例是解释集体日常行为的行为规则和个人的行为习惯。高展军和李垣（2007）从演化的角度将惯例定义为：多个行动者参与的、重复的、可识别的组织行为模式。Pentland 和 Feldman（2008）认为惯例就是"生成"系统，产生重复的、可辨别的独立行为模式。徐建平（2009）认为组织惯例由行动逻辑、内隐规范以及交互共识三个维度构成。行动逻辑主要是指处理相似问题的时候所采取的行动逻辑，这种行动逻辑往往基于以往经验或者主动自觉地参考资深员工以及组织已有的实践；内隐规范主要是组织中的以非规章制度形式体现的操作流程或通过潜在规范强化形成的不成文的规则；交互共识主要是指在组织的员工在实践行动中交互形成的集体性的默契、共识和观念。

第二种解释认为，惯例是一种规则和操作程序。March 和 Simon（1958）以及 Cyert 和 Mareh（1963）将惯例与电脑程序类比，强调惯例的秩序性及其在个体对组织感知和反应中所扮演的桥梁角色。Cohen 和 Bacdayan（1994）则将组织惯例视为由多个行动者相互锁定、相互触发的一系列行动，并且明确指出惯例不同于或至少不等同于有着明确的阐述和规范的/标准化作业程序。Feldman 和 Pentland（2003）提出形式面和执行面是为克服主体和矛盾数据遗漏而构建惯例的两种方式，并认为惯例作为"生成"系统，通过形式面和执行面以及载体的相互作用共同构成，形式面方面包括原则、共识、标准的作业程序等；执行面方面则包括实践以及在特定实践和地点执行惯例（Pentland & Feldman，2008；Pentland et al.，2012），并认为惯例的形式面具有稳定性和辅助性特征，而执行面则具有变革性和创造性特征。这一划分反映了惯例相关文献的两种主要研究视角：行为视角和认知视角（Beeker，2004）。王凤彬（2005）指出随着时间的推移，组织不仅会发展出"操作惯例"（由正式和非正式的规则及标准操作程序等构成），还会形成一种所谓的"调整惯例"（也就是使组织改变和创造新的操作惯例的程序）；这种在调整操作惯例过程中积累的经验，一旦惯例化，组织就会在变革中学习怎么变革，在操作惯例中改变调整惯例，在调整惯例形成后产生新的操作惯例。

第三种解释是 Hodgson 和 Knudsen 等（2004）认为，惯例不仅是行为还可以看作是表现特定行为或者思想的倾向。Cohen（1991）提出惯例实际上有认知和活动这两个不同的层次，它既是活动模式，也是认知规范和认知模式。Cohen 等（1996）则定义组织惯例为在同样背景下重复操作的一个执行能力，是一个组织对选择性压力的反应式学习。Peng 等（2010）用基于惯例的方法研究组织能力，认为能力是一束惯例集，将惯例分为操作惯例和搜寻惯例，操作惯例是企业的操作能力，搜寻惯例是企业的动态能力。延续这个思路，Chassang（2010）根据惯例本身在变异过程中所发挥的作用将组织惯例划分为经营性惯例与学习性惯例，经营性惯例承担着提升企业运作效率的功效，在相对稳定的环境中，经营性惯例因为行为人的反思行为在组织现有场域中发生微调；学习性惯例则试图通过自己的存在对经营性惯例作出改变，既是组织的认知努力，又是组织的行为努力。Lazaric（2011）在针对高技术咨询企业的惯例和创新研究中将惯例分为一般惯例和创新惯例。此外，Cohendet 和 Lerena（2003）将组织惯例分为战略惯例与一般惯例，指明战略惯例是组织惯例变革的源泉，组织在不断试错的过程中形成惯例的根本性变革。

同时，随着网络组织研究的兴起，学者们还关注了跨组织层面以及网络层面惯例的现象。Zollo 等（2002）引入了跨组织惯例的概念，他们认为跨组织惯例就是在两个公司重复合作过程中发展（逐步显示）和提炼产生的稳定的模式。Dyer 和 Hatch（2006）认为内部惯例可能被构成由焦点企业与供应商和客户所形成的网络背景的组织间惯例所决定。Pentland（2004）提出跨组织惯例是一种涉及来自不同组织的个人的组织惯例，并从生态学的角度对惯例展开研究，他认为惯例应该遵循从个体惯例、组织惯例、利基惯例到跨组织惯例（网络惯例）的演化；认为跨组织惯例可以按照目标以及核心技术两个维度来分类，因为这样会使跨组织惯例的研究相对简单。陈学光和徐金发（2006）认为网络组织的惯例是一种维持网络组织存在的内在力量和运作机制，也是保持网络组织内部成员间关系处于某种状态的一种特性；他们从演化论的视角，采用动态观察的方法，从网络组织层面上解释组织与惯例的关系，认为网络组织的运作机制很大程度上是由惯例在维持；网络组织惯例是网络组织成员重复交往过程中形成的相对稳定的"联合行动"方式。

很多学者将惯例划分为操作性惯例（Operating Routines）和搜寻惯例（Search Routines）两种（Zollo & Winter, 2002；Zott, 2002）。郭京京（2011）从产业集群中技术学习的角度定义了技术学习惯例：组织层面多个主体围绕技术学习所进行的经常性的、交互的行为模式；他认为知识和技术学习是导致产业集群中惯例产生的根本原因。黄麒羽（2009）以台湾地区信息电子产业为研究对象，基于交易成本理论与资源基础观探讨信息电子产业中合作关系下的网络惯例的建立模式，通过实证发现知识基础是影响组织间惯例的主要因素。党兴华和孙永磊（2013）主要针对技术创新网络惯例特征进行分析并对网络惯例进行了界定，认为技术创新网络中网络惯例是合作创新过程中被大多数网络成员共同接受的、相对稳定的联合行动的"游戏规则"，具有模式化、嵌入性、路径依赖性、变革性以及适应性等特征，包括两个构成维度：行为默契程度和规范接受程度。

综上所述，已有研究刻画和测度惯例的思路与方法并不尽相同，但主要有两种大的分法，一种是根据惯例的作用进行划分，如王凤彬（2005）将惯例划分为操作惯例和调整惯例。Cohendet 和 Lerena（2003）将组织惯例分为战略惯例与一般惯例等。但近年来，越来越多的研究者关注组织惯例的内在结构，比如 Feldlnan 和 Pentland（2003）以及 Pentland 和 Feldman（2005）的内生发展模型，将惯例划分为形式面和执行面，这一划分反映了惯例相关文献的两种主要研究视角：行为视角和认知视角（Becker, 2004；Nelson & Winter, 1982）。

（二）组织间关系的相关研究方面

组织间关系是组织之间以合同，协议或其他方式形成的某种相互之间的联结或合作。Gulati（1995）将战略联盟定义为两个或以上独立组织为获得各方相关的利益所建立的涉及交换、分享或联合开发资源或能力的关系。Pfeffer和Salandcik（1978）认为正是组织资源的稀缺性和外部供给的不确定性促使组织介入组织间关系之中，以对那些具备其所缺乏的资源的组织行使权力或控制。很少有组织能自给自足，组织间关系的动机是"从外部源泉获得其重要的内部资源，而且这是一个更加切实可行的方式"（Barringer et al.，2000）。

学者们对组织间关系的一个主要研究分支是关注合作的管理过程，如信任、承诺、嵌入性等对合作绩效的影响。Gulati（1999）认为组织间的关系除了受机会主义、有限理性和不确定性等因素的影响，社会交换理论所关注的诸多要素如信任、声誉、承诺、风险、忠诚等也是决定组织间关系的重要因素。Reuver和Bouwman（2012）对移动公司在价值网络中的服务创新治理机制的研究中指出：在服务的发展阶段，基于权力的治理方式处于主导地位。在这个阶段服务的概念比较模糊，还处于争议阶段，成员企业不能证明自己有服务的能力，所以他们认为正式的合同会阻碍创新。因此，基于合同的治理方式在这个阶段并不是很突出。并且由于企业之间的不信赖，造成信任度也比较低。当服务到推展阶段时，基于合同的治理处于主导地位。随着企业之间互相依赖程度的逐渐平衡，信任度逐渐上升，基于权力的治理方式逐渐弱化。在服务的成熟阶段，即商业化阶段，企业之间收入共享，关于服务水平的协议变得至关重要。因此，在这个阶段基于合同的治理方式最重要。企业之间信任度达到最大化，基于信任的治理也很重要。这个阶段的服务基本是一些常规活动，不需要强制性权力的制约，因而基于权力的治理方式只起辅助作用（Reuver，2012）。

刘婷和刘益（2009）认为组织间的关系机制主要是组织间的信任，它强调交易的氛围。Larson（1991）和Chang（2001）的研究中也表明，联盟成功的关键因素是信任沟通。合作企业在制度、知识、机制、管理、文化等方面的差异，使得传送者和接收者在处事方式、行为习惯、对问题的理解等方面都存在明显的差异，因此导致知识转移活动难以顺利进行，要使这些差异变小，知识转移才能顺利进行合作双方就要在充分信任的基础上不断地沟通。

Hoffmann 和 Schlosser 在研究 164 个美国 SMES 战略联盟过程中发现，信任是战略联盟成功的关键因素。信任在关系治理中具有独特的现实重要性。Gulati 明确认为信任与正式合同可以相互替代，信任避免了签订合同的成本，降低了进行监督的需要，并能促进合同的适应性。信任抵消了对机会主义行为的担心，结果这会降低与交易相关的交易成本。换句话说，信任在许多情况下可以替代层级性的合同治理。Ouchi W. G. （1980）认为，信任（即相信在关系中，就长期而言是公平的）对持续的良性交易是必不可少的。Paul S. Adler（2001）认为，信任可以极大地减小交易成本（以握手代替合约）和代理风险（以互持信心代替对逃避责任和谎报的担心），从而大大地缓解由知识的公共产品特征而造成的合作困难。并且，对于只可意会不可言传的知识来说，信任是有效的知识交流的先决条件。随着知识管理成为决定业绩的越来越重要的因素，信任成为越来越有吸引力的对经济代理人的管理。Rampersad 等（2010）发现信任在管理创新网络时具有重要的作用，并指出在管理创新网络时可以通过设计和协调跨部门组织的创新举措来促进企业之间的合作和整个网络的和谐。

Morgan 认为关系承诺将有助于交易伙伴之间的合作，这种合作也包括交易伙伴间的信息共享行为。相反，关系承诺的减少可能会使得交易伙伴产生放弃长期合作的信念。Yang J. 等的实证研究结果表明关系承诺对供应链联盟关系稳定性有显著正向影响。Uzzi 认为，社会结构中交易关系的嵌入性能降低甚至消除由于谈判和签订合同而带来的高成本。Schumpeter（1950）和 Granovetter（1985）则揭示了嵌入性对经济行为的积极影响，特别是基于企业间关系网络的背景。Blumberg（2001）认为合同可能包括不同类型的承诺，有关财务方面的问题，内部管理，监督，分配的结果，知识产权，外部关系和解决冲突。Yoon 和 Hyun（2010）在文章中讨论让社会和体制机制的影响网络治理嵌入在非合同和社会关系的出现和坚持。网络治理的社会机制强化在不确定性条件下的定制的、复杂的任务所需的合作行为。

（三）网络惯例在组织间关系中的作用研究

惯例是组织成员或网络组织之间在互动中产生的，所以，一方面，惯例是在行为人与组织情景互动的过程中得以产生与发展的；另一方面，网络中形成的惯例又为网络中企业之间关系的稳定提供保证。网络惯例对组织间关系的研究，学者们主要从两个方面展开：

首先，网络惯例是网络企业行为的基本构成要素，是组织能力的源泉所在（Becker，2004；Nelson & winter，1982），所以它可以促进组织之间相关活动的协调。惯例对协调的作用体现在以下几个方面：使得组织形成关于其他组织行为的预期，稳定的行为为参与者进行决策建立了基础（Simon，1950）；使得团队的实践具有常规性、统一性、系统性（Bourdieu，1995）；使得组织成员同时采取的行动更加一致（March & Olsen，1989）。

Markus C. Becker（2005）认为组织惯例至少以两种不同的方式促进协调。惯例的交互行为模式让其他人在以后的时期形成一个人的行为期望。稳定的行为因此为行动者提供决策基础。这种预期纳入到有较高相互契合的决策中，从而达到更高的协调；惯例的认知方面也有利于协调（如交互伙伴的解释框架的重叠）。惯例行为比非惯例行为更容易监控和测量。Becker 利用行为模式序列变化和行为模式的频率两个维度衡量惯例，提出经常性交互模式即惯例的频率越高，组织存在的协调问题越少；其中经常性交互模式频率指的是某一时间段内同一交互模式重复的程度。随着经常性交互模式频率的提高，组织之间对彼此的理解有所增加（Feldman & Rafaeli，2002），组织之间建立起共同的思维方式，知识存储更有可能融合，形成了共同工作的凝聚力（Anand，Clark & Zellmer – Brulln，2003）。因此，组织之间的行为更加容易预测，有利于彼此之间的协调（Becker，2005）。

Knott 和 McKelvey（1999）针对美国快印行业的实证研究表明，惯例要比剩余索取权对于协调的作用更有效，这与一直宣扬剩余索取权为解决监督问题的最有效方法的主流理论是相反的。相似地，Sege-lod（1997）通过对瑞典企业投资手册的研究，指出标准及标准化的惯例影响控制及协调。

E. Garcia – Canal 等（2013）认为组织间惯例作为正式治理机制的补充促进了组织间的联合行为。这些惯例在联盟未来的发展中将被很好地利用。

Gunno Park 和 Jina Kang（2013）通过以往技术联盟中组织间惯例相关研究的总结得出：基于组织间惯例提高了联盟管理能力从而使企业进行联盟管理。同时惯例提高了联盟组合能力，使企业能有效地管理合作伙伴（Hoang & Rothaermel，2005；Kale，Dyer & Singh，2002；Rothaermel & Deeds，2006）。惯例的影响如图 2 – 1 所示：

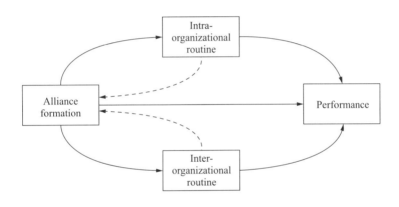

图 2 – 1　惯例的影响模型

资料来源：G. Park and J. Kang, 2013.

其次，网络惯例通过它稳定的行为模式、内隐规范维持着组织间的信任、承诺和沟通等关系。

Dyer 和 Chu（2000）发现网络惯例和一致性与组织间信任高度相关。惯例可以使企业间更有效地沟通与合作。Youtha 等（2008）认为联盟中跨组织惯例将有助于维持组织间关系的稳定性，降低组织间关系终止的可能性，并收获在这种稳定关系的好处。Marschollek 和 Beck（2012）通过对德国 IT 行业公共—私营合作伙伴的案例分析，认为通过成功合作建立的合作伙伴间共同惯例，可以提升相互间的信任水平。Thorgren 和 Wincent（2011）指出跨组织惯例通过加强对伙伴未来意图和行为的预期，从而加强了组织间信任；罗珉和徐宏玲（2008）认为通过长期的组织合作关系，所形成的企业间特定联结关系是获取竞争优势的一种关键性资源，这种关键性资源可能会跨越企业边界，嵌入企业间的惯例和程序之中，同时他们还认为基于组织间的各种信任、认同、互惠等关系形成的惯例为组织间获取关系租金奠定了基本物质生产条件。

Becker（2004，2005）认为当惯例跨越组织边界，在网络中协调组织成员的行为时，跨组织惯例能够创造以及维持组织间关系。Zollo等（2002）通过跨组织惯例的研究认为跨组织惯例可以促进信息收集、沟通、冲突解决和整个合作过程。罗珉（2007）等认为通过长期的组织合作关系，所形成的企业间特定的联结关系是获取竞争优势的一种关键性资源，这种关键性资源可能会跨越企业边界，嵌入企业间的常规惯例和程序，从而产生关系租金。同时他们还认为基于组织间的各种信任、认同、互惠等关系形成的惯例为组织间获取关系租金奠定了基本物质生产条件。

Hagedoorn 和 Frankort（2008）认为网络惯例通过与合作伙伴反复互动提高了主体间的承诺。徐建平（2009）认为交互共识是组织中的行动者交互学习所产生的共识，主要反映的是行动者在以往的交互行动中所形成的集体性默契、共识，如蕴含一定思想的行动部署（Hodgson，2003），集体性的学习过程结果（Edmnondson，Bohmer & Pisano，2001），进而促使了网络企业关系承诺的形成。信任意味着对合作方的信念，即认为合作方的承诺是可靠的，合作方会在双方所处关系中充分履行义务（Inkpen，2000）。承诺指的是伙伴为网络的利益努力工作的意愿（Poretr et al.，1974）。

Anderson 和 Weitz（1992）认为承诺远远超过了网络成员基于与网络关系相关的现有利益和成本的考虑，承诺意味着关系的长期导向——为了获得长期的利益而甘愿做出短期牺牲的意愿。战略联盟理论指出，承诺是一种有形的投入或贡献，是联盟成员为承担特定行为而做出的一种保证或者抵押，能阻止其伙伴在不危害联盟产出的前提下从事相关活动（Das & Rahman，2001；Morgan & Hunt，1994；Mohr & Spekman，1994），一旦网络企业相互之间的关系惯例建立之后，也是保证与其伙伴企业长期稳定的关系得以维持的重要因素。

二、组织间关系与网络治理的相关研究

（一）网络治理目标的相关研究方面

技术创新网络创新行为的协同性要求与其组织成员目标之间常常存在着差异性与冲突，这种组织成员之间在业务上要求密切合作、在利益上又存在一定冲突的竞合关系，使得技术创新网络中存在较高的机会主义和投机性。有关技术创新网络治理目标的研究主要集中在防范技术创新网络中可能会出现的道德风险和机会主义行为，以及网络间合作的目标上等方面。

多数学者对网络治理目标的研究也主要是从促进知识流动，保持网络稳定和维护创新专有等几个方面进行研究。Nicolopoulou 等（2011）主要从知识流动方面研究网络治理目标。Nicolopoulou（2011）指出，企业应该建立良好的知识转移方式以及管理机制，从而使得企业能够在社会责任与可以持续发展方面收获到良好的成果，知识工作者的流动与想法对于企业发展起到了很关键的作用。Gooderham 等（2011）认为，增强企业中知识的转移与流动是拓展企业社会能力的一个重要内容，这样能够很好地提升企业的竞争力。同时他指出，对于企业的知识转移与流动需要有相应的知识治理机制来进行调节与管理。对于创新网络来说，其稳定的网络特性能够很好地帮助其取得成功并且持续发展。在创新网络治理的目标中，一个很重要的内容便是维持网络中的公平与成员间的信任，防止成员机会主义的行为产生。Svare Helge 等（2011）在研究了挪威中小型企业创新网络中指出，稳定的网络环境能够很好地激励网络成员对于网络整体的创新活动作出贡献，同时他建议网络中的成员应该加强同网络成员以及网络周边研究机构的联系，通过不断地学习、分享内部以及外部知识，提高自身的创新能力。

Malhotra（2011）等学者更关注网络稳定性。Malhotra（2011）认为网络中核心企业需要重视信任与合作等问题，同时他认为通过控制手段可以很好地提升网络的竞争力，但是损害了成员之间的相互信任，减少了成员之间的合作意愿。对于创新网络来说，其稳定的网络特性能够很好地帮助其取得成功并且持续发展。

Hjalmarsson 等（2011）认为网络需要保证创新的稳定性，从而使得创新成果能够得到可持续的发展与变革，这便需要创新网络保持一个相对稳定的状态，因此网络需要建立完善的基础设施以及标准化流程，促进数字化服务的发展。Fang 等（2010）在研究中国软件园工业的技术创新时指出，稳定的创新网络能够很好地帮助网络中企业吸收创新知识，同时有效促进网络绩效水平，提高成员之间的合作，提升网络整体的竞争力。

Mueller（2012）认为，在管理网络的过程中，一个很重要的内容就是保持网络的稳定性，在稳定的网络中，网络的属性就能够很好地得到发挥，同时网络中的激励机制也能很好地得到贯彻，保证网络成员的积极性以及网络的绩效。Bergenholtz（2011）指出，网络治理与网络的结构有着密切的关系，对于网络的治理必须保证网络的结构是动态稳定的。因此，保持网络的稳定性是网络治理中一项非常重要的内容。

彭正银（2002）等学者则关注创新独占与利益分配。彭正银等（2002）认为网络治理的基本目标是协调，即参与者在战略、决策与行动上进行沟通，保持合作的有效性；而网络治理的另一个重要目标是维护参与者作为竞争者的交易与利益以及网络的整体功效与运作机能。Keast 和 Keith（2007）在研究创新网络的构建与控制中指出，创新网络治理中一个很重要的内容是对于成员间关系的治理，组织间关系导向应该是社会或者集体关系导向，整合的机理应该是信任，成员之间联系紧密、互惠互利，从而提高网络整体的运行效率。Karttinen 等（2008）指出，创新网络的治理中需要关注成员之间的信任以及承诺，保证网络成员之间存在良好的沟通以及合作，防止成员出现损害网络礼仪的机会行为的出现，构建出健康有效的创新网络。

还有一部分学者同时关注几个方面的目标。如 Dhanaraj 和 Parkhe

（2006）在其研究内容中归纳出了技术创新网络治理的三个目标，他们分别是维持、推动网络内的知识流动（knowledge mobility）、创新成果的独占性（innovation appropriability）；技术创新网络的稳定性（networks stability）。Christoph Dilk、Ronald Gleich 和 Andreas Wald（2008）在分析了欧洲汽车行业这一技术创新网络以后，认为企业进入技术创新网络的首要目标是获取企业内部所没有的技术和知识，通过对创新网络的治理，使得进入创新网络的企业都能获得自己所需要的技术和知识，是创新网络治理的最重要的目标；而加强客户与市场的合作则是创新网络的第二个重要的目标；第三个重要的目标则是实现供应商和客户的长期合作。Gausdal 和 Nilsen（2011）提出了一个新的创新网络治理目标框架，那就是创新网络治理需要关注网络知识流动，网络创新城管专有、网络稳定性以及网络范围、健康程度以及活力。

综上所述，可以看到当前对于网络治理目标的研究基本集中于三个方面，即基本接受 Charles Dhanaraj 等（2006）的观点，认为创新网络的治理目标主要有三个，那便是推动网络内的知识流动（knowledge mobility）、创新成果的适应性（innovation appropriability）、技术创新网络的稳定性（networks stability）。

（二）组织间关系与网络治理目标

由于网络组织的形成具有自发性和随意性，使得治理活动具有信息不对称和契约不完全等特点（彭正银，2002），因此，网络组织间关系中的信任（Mattsson & Salmi，2013）、合作伙伴的情感承诺（Chen et al.，2011）和关系的嵌入性（Eisingerich et al.，2009）等对于网络治理目标的影响非常重要。本书主要从信任、关系承诺和嵌入三个方面对网络治理目标的影响进行综述。

Mattsson 和 Salmi（2013）从家庭、职业和专业协会为纽带的个人网络与以科技、经济和知识等为纽带的商业网络两个方面分析了网络组织成员通过相互交往促进了相互的信任，这种信任的增加有利于网络合作伙伴之间关系交往，进而促进了网络的治理。Moser 和 Voena（2012）认为网络中良好的关系是维持联盟关系必要的润滑剂，比正式的规则等更有利于网络的治理；网络关系多样性和专业性之间的平衡是服务业创新网络治理的焦点议题，Eisingerich 等（2009）对 335家专业服务企业的实证研究显示组织间关系的专业性会提高服务创新的聚焦水平，从而提升企业绩效，因此利于网络的治理。

白鸥和刘洋（2012）认为服务业创新网络中合作伙伴之间关系紧密、互动频率高、信任和声誉等在创新网络治理中扮演着重要角色。同时，还有学者从组织间关系对知识共享、创新能力和网络稳定等网络治理目标进行了研究。Lee 和 Cavusgil（2006）通过对在外部激烈变动的环境下的 184 家联盟企业进行实证研究，结果发现，通过联盟间良好的伙伴关系增加了联盟的稳定性，从而利于联盟知识的转移。

Clifton 等（2010）通过对英国 450 家中小企业技术创新网络的实证研究发现，当中小企业处于高度互动迭代和紧密的网络关系时，可以很便利地从网络中获得技术溢出效应，提升整个网络的创新能力。Ritala 等（2009）从一个多层次角度，利用专家小组讨论和典型案例追踪等方法对创新网络中业务流程能力进行了研究，结果显示沟通和信任对创新能力有正向影响作用。Claro 等（2003）通过经验研究发现，信任、企业网络活动等关系性规则会影响企业间的联合行动。Eng（2006）对新产品研究发网络组织中垂直协调的治理模式和产出效率进行了研究，提出信任、承诺、信誉等影响网络治理的模式。

Luo（2007）认为良好的联盟治理机制应当能够增强联盟伙伴公平感，而且由沟通和信任构成的交互公平的存在，能够使治理机制在增强联盟伙伴的公平感方面发挥最大的作用。Jao H. R. 和 Hung H. Y.（2008）通过对台湾 397 绿色制造企业的实证研究得出组织间信任正向影响组织间知识的分享。Moller 和 Svahn（2004）认为信任在促进诸如知识分享的深层次关系交换中起着重要的作用。Kwon 和 Suh（2005）认为信任是供应链中知识分享的前提条件。Luis F. L. 等（2009）认为组织的创新学习能力和关系能力通过影响关系绩效从而影响经济绩效。Danny P. C. 等（2011）认为关系行为（信作、承诺）影响组织间联合行为。Jao – Hong Cheng（2011）认为组织间关系风险负向影响组织间知识分享。

Yang 等（2008）的实证研究结果表明关系承诺对供应链联盟的关系稳定性以及联盟绩效均有显著的正向影响，其中创新绩效为联盟绩效的一部分。李勇强和孙林岩在研究关系承诺、联盟价值与创新模式关系时指出关系承诺能促进资源识取和能力构筑的实现，而资源识取有利于渐进创新，能力构筑不仅有利于渐进创新也有利于突变创新。杨建君等研究企业技术创新绩效时指出承诺是影响技术创新绩效的重要因素，并通过实证验证了承诺对创新绩效的正向影响。可见，关系承诺作为供应链合作关系形成和维持的关键要素，将会对创新绩效产生正向的影响。

还有学者从机制层面对组织间关系与网络治理的关系进行了研究，Barney 和 Hansen（1994）认为关系机制是提高关系专用投资，减少控制和讨价还价的一种方式。Dyer 和 Kale（2007）认为组织间的关系机制是企业通过契约与其他众多企业的建立关系而有目的产生、扩展和改变组织惯例和资源的能力组合的过程。Helfat 等（2010）认为关系机制不仅包括设计和构建联盟的过程，还包括在不同层次上处理的任务：识别资源；获得和参与这样的资源；资源池和利用。

J. J. Li、L. Poppo 和 K. Z. Zhou（2010）主要将供应链网络中的关系机制划分为中介通路、共享目标和信任三个维度，中介通路是指在多大程度上，通过联盟伙伴可以接触到更为广泛的潜在的交易伙伴。

Liu Y. 等（2009）探索了在中国生产—分销关系中，交易机制与关系机制在阻止机会主义行为以及提高关系绩效中的不同作用，他们将合作中的关系机制划分为关系规范和信任，其中，关系规范是指被群体决策者部分共享的行为预期和直接指向集体或小组的目标，信任是指交换合作伙伴所拥有的对其他伙伴的诚实和善意的信心或信念。

Lavie D. 等（2012）通过对信息技术行业 420 家非股权联盟分析证明，由于伙伴间内部任务惯例的不同导致不同的关系机制，进而影响着他们之间的联盟绩效。同时他们又从共同信任、关系承诺和关系嵌入三个方面研究关系机制的作用机理。Li J. J. 等（2010）将关系机制划分为中介通路、共同目标和信任三个维度。中介通路是指在多大程度上，通过联盟伙伴可以接触到更为广泛的潜在的交易伙伴，共同目标是指网络成员为了完成特定的任务目标而形成的网络的共同愿景。一般认为良好的合作关系都开始于一个单一的和清楚的战略愿景（孙国强，2012），信任主要指网络中企业之间交往过程中信任机制的建立。

李瑶等（2010）基于交易成本理论和社会交换理论，分析了在联盟企业中，交易机制和关系机制这两种治理机制对显性和隐性两种类型知识转移的影响作用，并将关系机制划分为中介通路和个人关系。接着，李瑶等（2011）探讨了不同程度的环境不确定性情形下，两种治理机制对知识转移影响效用的变化，并对比了两种治理机制对知识转移的有效性。同时他们还从信任和个人关系两方面考察了关系机制，其中个人关系主要是企业边界人员间的私人关系，指双方高层领导之间、业务员之间的友谊，是人和人之间通过交往或联系而形成的。

三、网络惯例与网络治理关系的相关研究

（一）网络惯例在网络治理中作用研究

网络惯例是维持网络组织存在的内在力量和运作机制（陈学光和徐金发，2006），但是学者们很少从网络惯例视角研究网络治理问题，现有研究大多从某项网络活动入手研究惯例在网络治理中的作用（Ahuja et al.，2012）。

正是由于惯例的存在，组织间合作才会呈现出有序稳定的状态，惯例在组织内外都发挥着重要的协调作用（Feldman & Pentland，2003）。Gulati 等（2012）指出联盟成功的本质要素是合作和协调，而惯例则是获得和提升这两个方面要素所必需的联盟能力。Leonardi（2011）认为在组织工作中惯例的稳定性特征有助于规范组织成员的合作行为、协调组织的运作过程。Labatut 等（2012）认为一旦形成交

互的行为模式，惯例就具有协调组织运行的功能。网络惯例作为网络组织中循环交互的行为模式具有明显的稳定性（Pentland & Feldman，2008）。

Heimeriks 和 Duysters（2007）构建了基于惯例和机制整合的联盟能力及其发展过程模型，认为联盟管理诀窍和惯例深嵌入一种稳定和重复的行为模式中，企业的联盟能力就是如何获取、共享、传播和应用这些联盟管理诀窍和惯例。Gambardella（2012）指出惯例是组织能力的重要基础，包括稳定的行为模式和规则等都有利于维持组织稳定的状态，确保组织持续竞争优势的获得。同时，还有学者认为网络惯例具有稳定网络的作用，主要表现为惯例可以减少网络的不确定性。Ding 等（2012）从供应链的视角研究认为供应链中的操作惯例可以凭借其敏锐嗅觉探测环境的变化使得供应链组织在动荡的环境中保持稳定。组织活动的惯例化构成了特定操作性知识的重要储备形式（Nelson & Winter，1982）。

Nonaka 和 Von Krogh（2009）基于默会知识和知识模式的研究视角，认为组织惯例不仅有利于知识的存储而且对知识的创造也有帮助。Witt（2011）认为惯例在组织中具有协调和激发知识互动的功能，可以使组织知识转移更为流畅和有序，而在组织间联合行动层面，惯例的这种功能更有利于知识的有效转移。王凤彬和刘松博（2012）通过对联想集团的案例研究，提出了一个用以解释组织渐变中路径创造得以发生的理论模型，认为惯例可以通过"试误式学习"的驱动来储存组织知识。Szulanski 和 Winter（2002）对具体实践中的惯例复制现象进行了研究，发现惯例可以在组织运行过程中存储知识（包括内隐知识），也正因如此，组织成员对惯例的学习和运用可以提高知识交换和整合的能力。

Jensen 等（2010）在对服务行业中合作绩效的理论分析与实证研究中发现，惯例的储存知识功能可以强化知识转移对持续竞争能力的提升效果，有助于合作获得成功。惯例是组织核心能力的重要因素，同时具有路径依赖和路径创造功能，在复杂性的集体行为过程中，惯例代表了成功解决既有问题的互动模式，为组织决策提供支撑（Garud et al.，2010）。Blume 等（2011）认为作为一种多个分布式知识交互代理的行为模式，跨组织惯例在网络中有助于降低商议成本以及集体审议问题的解决。Turner 和 Rindova（2012）从惯例的视角研究了面对动态市场变化时组织持续竞争优势的取得，发现核心操作惯例形成之后具有两个显著的形式面功能（目标导向持续运行和组织协调），有利于提升组织动态的合作能力，降低交易成本。此外，也有学者从惯例促使能力提升（Lewin et al.，2011）、维持组织间关系（Gittell，2002）和提升组织学习效率（Heimeriks et al.，2012；Friesl & Larty，2013）等方面研究了网络惯例在网络中的作用。Nobeoka（2000）Toyota 利用与其供应商的跨组织惯例，如与供应商合作者的定期会议和顾问团到合作伙伴领域的定期访问，以促进企业间知识的共享。Mante 和 Sydow（2007）研究了一个基于 R&D 惯例的跨国联盟项目，并确定了在决策制定和管理项目领域中的不同惯例。该研究区分了不同的惯例，包括组织内惯例和组织间惯例。企业间利用跨组织惯例的执行面中，诸如面对面沟通、电话联系等不同种类的机制实现组织间知识转移。

（二）组织间关系在网络惯例与网络治理关系中作用

还有一些学者结合惯例研究了组织间关系对网络稳定、网络治理等相关方面的影响。Gittell（2002）探讨了惯例以及其他协调机制对业绩的影响，并通过病人护理方面的数据进行验证，结果发现惯例对业绩的影响是通过协调成员的关系而起作用，惯例通过强化参与者之间的互动对业绩产生积极影响。同时 Gittell（2004）将组织惯例进行了扩展，从网络视角对惯例进行了跨层次的研究，他提出了三个观点。观点一：组织内惯例通过加强组织内协调网络提高业绩的质量和效率。观点二：组织间惯例通过加强组织间协调网络提高业绩的质量和效率。观点三：组织间和组织内惯例的相似性通过加强组织内和组织间的接口网络提高业绩的质量和效率，并利用病人护理的相关数据进行了验证。模型图如图 2-1 所示。

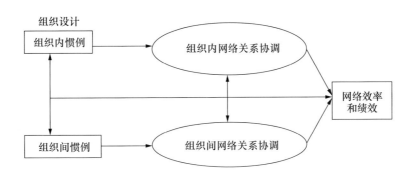

图 2 - 2 惯例跨层次模型

Lavie 等（2012）扩展了有关组织间文化差异的研究，同时研究伙伴组织间运营惯例差异的作用。通过对信息技术行业 420 家非股权联盟分析证明伙伴内部任务惯例和营销惯例的不同破坏组织间共同信任、关系承诺和关系嵌入，从而影响联盟绩效。同时他们又从共同信任、关系承诺和关系嵌入三个方面研究关系在其中的作用机理。其模型如图 2 - 3 所示。

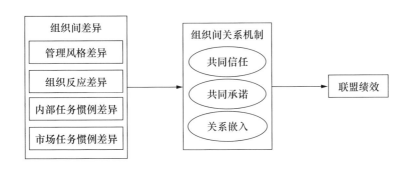

图 2 - 3 组织间差异对联盟绩效的影响模型

Langlois 和 Robertson（1995）称惯例作为一种协调手段，要比契约更加有效，甚至可以在一定程度上取代合同并最终使合同变得不再必要；而在联盟关系的网络中，这种基于惯例的治理更加有利于网络的稳定和知识的转移（Lee & Cavusgil，2006）。Chang 和 Gotcher（2010）认为渠道成员间惯例促进组织间共同协调，从而有利于成员间共同绩效的提高。如 Ning Li 等（2010）通过从 1992～2008 年跨 48 个行业 164 个国家的 18616 市场联盟企业的调查研究，从交易成本经济学、知识依赖理论和实物期权理论分析联盟中非股权联盟和合资企业两种联盟关系中联盟经验对治理模式的影响。

综上所述，在网络惯例在网络治理中的作用研究方面，学者们主要从惯例对组织间协调和分别对组织间信任、承诺和嵌入等方面展开。其中学者 Markus C. Becker（2005）提出惯例的行为方面和认知方面都会对协调起作用，并重点讨论了行为模式对协调的作用。这与惯例研究的两个视角（行为视角和认知视角）相一致，也为本书提供了思路。

四、研究述评

综上所述，学者们已经认识到网络组织中存在着惯例现象，惯例对网络组织的运行具有非常重要的意义。学者们已尝试从不同视角对网络合作层面的惯例进行研究，这些相关研究为本书的研究思路和研究方法奠定了坚实的基础。但是，结合技术创新网络这种特殊的组织形式，研究网络惯例及其在网络治理中作用的系统性成果较少，特别是结合我国合作创新实践的研究成果更显得薄弱。现有研究尚存在以下不足：

（1）在网络惯例与组织间关系方面，学者们尚未能将网络惯例细分为不同维度，深入分析网络惯例不同维度对组织间关系的影响。已有文献主要从惯例对组织间协调和分别对组织间信任、承诺和嵌入等方面展开。但当前的相关研究尚未能将网络惯例不同维度对组织间关系的影响进行清晰的阐述。惯例的构念方面的研究表明，惯例包括行为和认知两个方面。因此，只有从行为和认知两方面深入分析网络惯例对组织间关系的影响，才能全面理解网络惯例对组织间关系的影响作用。

（2）在组织间关系与网络治理方面，将关系机制作为多维变量研究其对网络治理的研究还很少见。学者们主要集中研究组织间信任、承诺和嵌入与网络治理的关系方面，并有部分学者从机制层面对组织间关系与网络治理的关系进行了研究。虽然近年来学者们逐渐将关系机制作为一个多维变量进行考虑，但将关系机制作为多维变量研究其对网络治理的研究还很少见。技术创新网络是一种特殊的组织形式，关系的维持需要一个完整多维的机制保障，因此有必要将关系机制作为一个多维变量深入研究组织间关系对网络治理的作用。

（3）在网络惯例与网络治理关系方面，缺乏网络惯例对网络治理影响机制的深入分析。学者们已经认识到网络惯例对网络治理的重要性，认为惯例有助于维持网络的稳定、组织间有效合作和知识共享等。并有部分学者发现网络惯例通过组织间关系对网络运行效率起作用。但现有研究缺乏网络惯例对网络治理影响机制的深入分析。技术创新网络中，组织间的关系机制较大程度上决定了网络的运行效率，因此研究关系机制在网络惯例与网络治理关系中的作用具有较强的理论与实践意义。

由此可见，合作创新的成功和网络组织理论与实践的发展，均需要对技术创新网络治理进行深入系统的研究。在这一研究过程中，应紧紧围绕技术创新网络组织间关系的本质特征，从机制层面分析技术创新网络惯例在网络治理中的作用，探讨技术创新网络健康发展的运行机理。

第三章　理论模型与研究假设

　　针对本书的研究主题，本章以相关社会网络理论为基础，从机制层面分析技术创新网络中网络惯例对技术创新网络治理的影响，并提出可检验的研究假设，为下一步的实证检验奠定基础。首先，通过网络惯例的两个维度探讨其对组织间关系机制的影响，进而研究其对技术创新网络治理目标的影响，以此作为研究思路提出概念模型。其次，结合国内外学者在网络惯例影响组织间关系，网络惯例影响技术创新网络治理等方面的研究结论，构建网络惯例、关系机制和技术创新网络治理目标的相关理论，对概念模型进行详细解释，进一步讨论模型中各变量之间的关系并提出相应研究假设。

一、概念界定与维度划分

　　结合网络惯例的内涵与特点，本书将构建网络惯例通过关系机制影响网络治理目标的概念模型，并在此基础上提出相应的理论假设。

（一）网络惯例

　　由于本书主要分析技术创新网络惯例及其对网络治理目标的影响，对惯例的界定，无论是组织惯例还是网络惯例。虽然学者们表述千差万别，但都认为惯例首先是组织成员所共同接受的一种联合模式或规则，其次能够维护成员间关系处于某种状态。惯例的维度划分方面，学者们多从行为视角和认知视角对惯例进行划分。学者 Markus C. Becker（2005）认为惯例的行为方面和认知方面都会对协调起作用。学者党兴华、孙永磊（2013）主要针对技术创新网络惯例特征进行分析并对网络惯例进行了界定，因此符合本书的研究主题。维度划分也反映了惯例相关文献的两种主要研究视角：行为视角和认知视角。因此本书接受学者 Markus C. Becker（2005）等的观点，在党兴华、孙永磊（2013）对网络惯例的界定与维度划分的基础上，结合上一章对以往关于惯例内涵特征和维度划分，以及团队前期研究成果，将技术创新网络惯例界定为一种维持网络组织存在并有序运行的"游戏规则"，是在网络不断的交互合作创新过程中形成的、被大部分网络成员共同接受的、相对稳定的创新行为模式以及合作规范共识，在技术创新网络中具有协调控制、网络稳定、知识存储以及决策辅助等功能，有助于网络中知识传递和共享，协调组织间关系以保持网络稳定，以及推动网络的变革和演变。包括两个构成维度：合作创新行为默契和创新网络规范共识。其中，合作创新行为默契是一种被大多数网络成员所接受的，在合作创新过程中处理类似问题时重复且固定的创新行为、步骤、流程、程序等，通常是基于以往合作经验或是参考合作行为发生时的具体实践。创新网络规范共识是在网络形成演化过程中逐渐形成的合作伙伴之间的交互认同理解、网络中约定俗成的规范或文化氛围以及非正式但被广泛认同的规则。

（二）关系机制

关系机制来源于关系交易理论，以社会关系为基础，强调社会交往和关系在经济活动中所起的作用。现有文献对关系机制的界定及维度划分，针对不同的研究对象，划分并不一致。Joshi 和 Stump（1999）认为关系机制是建立在关系交易理论上的治理机制，主要强调通过建立共同目标和创造合作氛围的方式进行内部道德控制。G. Hoetker 和 T. Mellewigt（2009）认为关系机制是促进信任建立和提高社会识别，有利于共同决策的机制，是基于沟通和共同问题解决的冲突解决的非正式系统。刘婷和刘益（2009）认为组织间的关系机制主要是组织间的信任，它强调交易的氛围。Glenn 和 Thomas（2009）认为关系机制是基于信任和社会认同上的治理机制，关系治理的重要特性是强调交易伙伴彼此认同。对于特定的互换关系中治理机制的设计代表着一种关系双方联合协作的战略决策。关系治理强调在成员间建立相互信任、彼此合作的长期关系，并通过设计一套协调、激励、控制和约束机制来处理好企业之间关系。Liu Y. 等（2009）在探索中国生产—分销关系中，将合作中的关系机制划分为关系规范和信任。Lavie D. 等（2012）通过对信息技术行业 420 家非股权联盟进行分析时，从共同信任、关系承诺和关系嵌入三个方面研究关系机制的作用机理。Li J. J. 等（2010）将关系机制划分为中介通路、共同目标和信任三个维度。李瑶等（2010，2011）将联盟关系机制划分为中介通路和个人关系。Xumei Zhang、Wei Chen 等（2012）将供应链中的关系机制划分为共同目标和信任两个维度。

本书认为 Lavie D. 等（2012）的研究主要是以非股权联盟为背景，研究关系机制在联盟治理中的作用，更接近于本书主题。因此，本书在以往研究的基础上，主要借鉴该文献对关系机制的定义，并结合 Glenn 和 Thomas 等的研究，将关系机制界定为技术创新网络中，企业成员共同建立起来的，用来激励、维持、制约企业间保持良好的、稳定的合作关系，规范企业间交易行为，降低机会主义风险，最终维持网络平稳有序运行的一系列行为和机制。并采用 Lavie D.（2012）的维度划分，将关系机制划分为共同信任、关系承诺和关系嵌入三个维度。

首先，关系嵌入是前提条件。Granovetter（1985）把嵌入性定义为经济行为在特定的社会结构中的持续的情境化。Granovetter（1985）认为嵌入性是行为者的经济行为受其所嵌入的社会结构影响的方式。Gulati（1998）认为关系嵌入性是指直接联结作为一种获取信息和资源的机制所起到的作用。Gulati（1998）认为关系结构会影响其组成成员所采取的行为，而这种影响的路径则包括约束群体成员所能获取的一组行为以及改变行为者对其可能采取的行为倾向。Uzzi（1997）认为网络嵌入性的形成和发展有个时间过程，它从最初的一种保持距离的联系逐步发展成以适应为基础的关系。因此，网络嵌入性不能简单地用存在或缺少两种状态来描述，而是应该动态地、连续地来看待它（Dacinetal，1999）。另外，基于 Granovetter 界定的嵌入性理论的内核，管理学者将嵌入性理论引入到组织研究领域，并对其进行拓展。认为企业作为一个组织，可以以自身作为法人行动者去构建和利用社会网络，也可以通过其属员实现为集体而动用社会资源的目的（王凤彬，2007）。基于以上分析，本书将关系嵌入定义为创新网络中，企业与合作伙伴为构建并维护合作关系，获取所需信息和资源，在交易过程中共同遵循的一系列制度和结构安排。

其次，共同信任是基础。在创新网络中，作为一种有效的关系治理机制，企业间信任被看作是促进合作的有效手段，这一观点被广泛接受（Wathne K. H.，Heide J. B.，2000）。Aulakh 等（1996）认为信任包含认知和行为成分。合作伙伴间的高度信任，可以促进彼此的沟通与学习，组织间也才能更加开诚布公，促使信息与资源流通顺畅。Zuker（1986）认为信任是通过合作伙伴之间长期的互利交换和双方对在一次交易中不诚实行为的损失以及使未来一系列交互成为可能的共同认可而获得的。Morgan 和 Hunt（1994）认为信任表现为关系合作者之间产生的可靠性和一体性的自我保证。金玉芳、董大海（2004）按照过程机制，对消费者与企业之间信任的产生进行研究，将信任产生的过程机制分为四类：①施信方自身的心理过程机制；②施信方对受信方的判断过程机制；③交往过程机制；④其他外部机制。结合以上学者对信任的界定，本书将共同信任定义为为了保障网络成员间合作关系的维持，促使信息与资源流通顺畅，网络成员在长期合作中所采用的，共同认可的一系列与合作伙伴进行信息沟通、对合作伙伴进行声誉评价与交换的措施。

最后，关系承诺是保障。以 Dwyer 和 Schurr（1987）为代表的学者最早从行为学的角度把关系承诺定义为"交易伙伴间关系持续的一种内隐或外显保证"。Gundlach、Achrol 和 Mentzer 把承诺定义为发展和维持一个稳定的长期关系的持久意图。Kim 和 Frazier 把承诺定义为一个组织致力于与另外一个组织紧密和持久的关系的程度。Anderson 和 Weitz（1992）将关系承诺视为一种发展稳定关系的渴望和相应行动，并且为保持这种关系愿意牺牲短期的利益，同时对关系的稳定保持信心。Morgan 和 Hunt（1994）认为，关系承诺是交易伙伴中的一方相信与另一方持续的关系是重要的，保证付出最大的努力来维持这种关系。承诺常用于测量商业关系的稳定性和成功与否。基于以上分析，本书将关系承诺定义为创新网络成员为保证稳定而长远的合作关系，减少机会主义行为，在与合作伙伴交往过程中，所采取的一系列关系激励、关系执行、过程监控的行为或机制，是交易伙伴间一种明确或不明确的关系持续的保证。

（三）技术创新网络治理目标

通过前文对技术创新网络治理目标的相关研究的综述看出，学者们基本接受 Charles Dhanaraj 等（2006）的观点，认为创新网络的治理目标主要有三个，那便是推动网络内的知识流动（knowledge mobility）、创新成果的适应性（innovation appropriability）；技术创新网络的稳定性（networks stability）。本书接受 Dhanaraj 和 Parkhe（2006）的研究观点。根据其研究内容归纳出技术创新网络治理目标的三个维度：网络内的知识流动与共享、创新成果独占和创新网络稳定。

在技术创新网络中，知识是创新的关键资源，创新的本质是知识的重组，而重组的前提在于异质知识的获取（Rodan S. & Galunic. C.，2004）。各企业为了寻求互补性知识，与所需知识源联结，形成网络（Narula，R.，2002）。于是，创新就涉及高度的交易不确定性和需要通过策略行动来形成并保持其合作网络以及从中提取有价值的知识交换问题。知识共享是网络快速发展的必要条件。因此，技术创新网络治理的首要目标便是网络成员间的知识共享。本书中，知识共享指技术创新网络成员与其他成员分享彼此知识资源的意愿及行为。

网络内知识的转移与共享促进了价值的创造。为了保证合作成员合作的持续性，需要保证所创造的价值能在网络成员间合理的分配，并且创新知识尽可能地被每个网络成员所获取。知识的零成本转移特性导致其很难被保护。因此网络中会出现"搭便车"现象和机会主义行为，因而创新独占成为技术创新网络治理的另一个目标。本书中将创新独占定义为技术创新网络中合作创造的知识成果所产生的价值能被合理地在网络成员间分配并且这种分配被网络成员清晰地感知并认可其公平性。

技术创新网络是一种松散耦合的组织，这种特性很容易导致网络的不稳定性，而这种不稳定性会严重削弱网络创新的输出。同时，网络中知识的日益多样化，增加了独特的隐性知识的数量。高度新颖性和隐性增加也会增加合作的不确定性（Pisano，G. P.，1989），给网络带来了更大的复杂性，更多潜在冲突的可能性。最终导致合作关系解体，成员间不再合作。因此，技术创新网络治理的第三个目标便是维护网络的稳定。本书结合技术创新网络松散耦合的关系特点，将网络稳定性定义为在网络成员之间有效的合作关系基础上，网络成功运行以及发展的程度。

二、概念模型的提出

本书的主要目的是从关系视角研究网络惯例对网络治理目标的影响。由第二章对已有文献的梳理可以看出学者们虽然已经开始关注网络惯例对网络治理的影响，但还存在以下不足：首先，在网络惯例与组织间关系方面，学者们尚未能将网络惯例细分为不同维度，深入分析网络惯例不同维度对组织间关系的影响。其次，在组织间关系与网络治理方面，将关系机制作为多维变量研究其对网络治理的研究还很少见。最后，在网络惯例到网络治理方面，缺乏对网络治理影响机制的深入分析。组织间的关系机制较大程度上决定了网络的运行效率，因此对网络惯例影响网络治理的机制进行分析，具有较强的理论与实践意义。

基于以上分析，本书的主要目标是：第一，从行为和认知两方面分析不同网络惯例表现下，技术创新网络中组织间共同信任、关系承诺和关系嵌入的差异，揭示网络惯例对关系机制的影响作用；第二，分析关系机制的不同维度对技术创新网络稳定、知识共享和创新独占的影响，揭示关系机制对网络治理目标的影响作用；第三，构建网络惯例—关系机制—网络治理目标的关系模型，实证检验并得出相关结论。本节主要构建网络惯例对网络治目标影响的理论模型。

技术创新网络中，各企业主体通过资源上的相互依赖，降低成本，加快组织学习与技术的创新，减少不确定性和分担风险，因此各企业有着显而易见的合作激励，但是企业间利益冲突，不确定性等交易特点导致了机会主义行为。技术创新网络是一种有正式的契约和非正式关系连接而成的网络组织。因此，技术创新网络治理的本质是网络组织的关系治理（Li，2007）。关系机制来源于关系交易理论，以社会关系为基础，强调社会交往和关系在经济活动中所起的作用，能够激励、维持、制约企业间保持良好的、稳定的合作关系，最终达到网络整体目标最优的一种系统运行的合作方式。作为一种有效的关系治理机制，建立企业间信任被看作促进合作的有效手段。信任可以极大地减小交易成本（以握手代替合约）和代理风险（以互持信心代替对逃避责任和谎报的担心），从而大大地缓解由知识的公共产品特征而造成的合作困难，并且，对于只可意会不可言传的知识来说，信任是有效的知识交流的先决条件。一旦企业间建立起相互的信任，企业就愿意共享有价值的信息，共同解决面临的问题。关系承诺将有助于交易伙伴之间的合作，当合作伙伴间关系承诺增加时，合作伙伴注重的是长远合作，为保持稳定的伙伴关系，交易中的双方就会有沟通和通过信息共享来相互理解的意愿，合作企业会放弃一些短期的诱惑，均不会做出有损对方利益的事情，从而减少了创新网络中机会主义行为的发生，增加企业间的知识共享。网络嵌入性是企业网络理论中的一个重要概念，企业所嵌入的外部网络是影响企业行为与绩效的重要因素。通过嵌入在企业网络中，企业可以获取、整合各种资源与能力获取更多的有用信息和知识。企业所深层次嵌入的外部网络是企业整合利用外部资源的关键，也是企业技术创新的重要源泉。

而在影响关系机制的众多因素中，网络惯例是一个关键的影响因素。网络组织的惯例是一种维持网络组织存在的内在力量和运作机制，也是保持网络组织内部成员间关系处于某种状态的一种特性（陈学光和徐金发，2006）。基于组织间的惯例提高了网络管理能力从而使企业进行网络管理。同时惯例提高了网络组合能力，使企业能有效地管理合作伙伴（Gunno Park & Jina Kang，2013）。惯例至少以两种不同的方式促进合作伙伴之间的关系协调。一种是交互的行为模式，惯例的交互行为模式让其他人在以后的时期形成一个人的行为期望。稳定的行为因此为行动者提供决策基础。这种预期纳入到有较高相互契合的决策中，从而达到更高的协调。另一种是惯例的认知方面也有利于协调（Markus C. Becker，2005）。行动者在以往的交互行动中所形成的集体性默契、共识，如蕴含一定思想的行动部署，这些行动中所形成的共识能帮助合作成员协调他们的行为，增加了他们合作的有效性和恰当的任务分配（Moreland et al.，2000），使信息更有效地传递，从而能更好地预测合作伙伴的行为（Blickensderfer，1998），进而增强合作者之间的信任水平，促进彼此间的承诺。

同时，惯例作为一种协调手段，要比契约更加有效，甚至可以在一定程度上取代合同并最终使合同变得不再必要（Langlois & Robertson，1995），而在联盟关系的网络中，这种基于惯例的治理更加有利于网络的稳定和知识的转移（Lee & Cavusgil，2006）。惯例对网络效率或绩效的作用是通过协调成员间的关系，强化参与者之间的互动完成。

基于以上分析，本书借鉴 Markus C. Becker（2005）的研究，将从行为和认知两方面探讨网络惯例对组织间关系机制的作用，并采用党兴华、孙永磊（2013）对网络惯例的维度划分，将网络惯例划分为合作创新行为默契和创新网络规范共识两个维度。将以关系机制为中介变量，构建网络惯例、关系机制和网络治理目标的关系模型（见图 3 - 1），试图以此来揭示网络惯例对网络治理目标的影响机理。

本书的整体研究模型体现了由网络惯例到企业间关系机制，再到网络治理目标这样一个理论逻辑的推演。由此，本节基于技术创新网络惯例、关系机制以及网络治理目标之间逻辑关系的分析基础上，通过借助关系机制这一中介变量，构建了技术创新网络惯例对网络治理目标的影响机理模型。模型中带有箭头的线条代表了各主要变量之间的对应关系，对于这种关系存在的合理性以及相应的研究假设，将在下节内容中进行详细讨论。

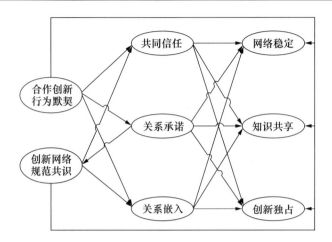

图 3-1 本书的概念模型

三、研究假设的提出

(一) 网络惯例与创新网络治理目标

技术创新网络中，网络惯例的强弱一方面会影响到企业间步调的一致性，降低决策者面临的不确定等，从而影响网络治理目标。另一方面，会影响到合作企业对任务角色和彼此关系的认识以及企业间的知识共享意愿等，从而影响网络治理目标。

假设1：技术创新网络中，网络惯例对网络治理目标具有影响作用。

为了更深入地研究网络惯例与创新网络治理目标之间的关系，本书将网络惯例划分为合作创新行为默契和创新网络规范共识两个维度，把创新网络治理目标划分为网络稳定、知识共享和创新独占三个维度，下面进行深入论述网络惯例不同维度与创新网络治理目标不同维度之间的关系，并提出相应假设。

1. 合作创新行为默契与创新网络治理目标

通过对网络治理目标的相关研究分析总结，本书确定了网络治理的三个目标，即网络中的知识共享、创新独占和网络稳定。网络治理是通过法律和社会控制机制的组合来协调与保护合作伙伴所贡献的资源、管理伙伴的责任，并且对联盟活动的报酬进行分割的结果（E. Todeva，2005）。在创新网络中，知识是创新的关键资源，企业对于外部获取的知识进行分析、加工、诊释、理解、分类、选择的程序和惯例，也是新知识逐步外在化的一个过程，是企业对新知识进行转化整合之前需要完成的准备工作。因此，合作企业间合作创新行为默契将影响企业知识获取速度和效率的一致性，从而影响企业间的合作效率，最终影响网络的治理目标。

首先，企业间适度的合作创新行为默契降低企业间关系的不确定性，从而影响技术创新网络的稳定性。网络惯例有利于降低网络不确定性的根源在于其本身所具有的稳定性。技术创新网络中，合作伙伴间稳定的合作行为为参与者进行决策建立了基础（Simon，1950），即这种稳定性提供了一个协调和控制的基准，从而使得企业间合作具有常规性、统一性和系统性（Bourdieu，1995）。因为没有一个稳定的基准来比较，就不可能发现合作关系的的变化，也就无法纠正偏差，实现有效的协调和控制。企业间合作行为的稳定性还增强了合作伙伴的预见性，使网络成员之间的行为更加容易预测，有利于合作企业事先做出反应并协调进一步的行动（Inkpen & Crossan，1995；Becker，2005）。Gittell（2002）分析了惯例对网络效率的影响，发现惯例有助于有限理性的决策者应对不确定性（Hodgson & Knudsen，2004）。

然而，当企业间合作创新行为过度一致时，可能表现出行为的趋同和僵化，不利于独立行动和创造性的发挥，由此降低了交易双方解决挑战性问题、探索创造性解决方案的能力。行为的过于一致性会降低建设性冲突的产生，这会导致在创新合作过程中彼此缺乏有建设性的质疑，不利于发现合作过程中存在的问题，从而使得创新合作处于不稳定状态。Fang E.（2011）也指出，在活动协作过程中，企业间差异化行为模式会激发创新因子。

其次，企业间的合作创新行为默契影响企业间关系协调与控制，从而影响创新网络的创新独占。创新网络中企业在获得利益的同时需要对利益进行分配，网络成员企业在创造价值上是合作者，而在瓜分价值上是竞争者，收益的分配是创新网络成员企业之间合作与纷争的焦点问题。较高的企业间合作创新行为默契程度所带来的组织间的稳定关系，使得参与者能够按照正常的秩序完成任务，并在发生纠纷时按照一定的模式加以解决。并促使网络成员自觉遵守成文或不成文的网络合作规则，增强合作关系，使所有成员自觉遵守分配原则，尽可能合理地分配创新成果，并自发维护创新成果不至于外泄。

最后，企业间合作创新行为默契影响企业接触知识源和知识转移的程度，从而影响网络成员间的知识共享程度。创新网络中，成员企业需要与合作伙伴建立密切的关系，使知识能在伙伴之间顺利转移，获取到有价值的外部知识，才能提高其创新绩效。对新知识的接收者，其行为过程和惯例需要能够接触到新知识的源泉，主要认知过程是在工作中吸收新知识，并把新知识与现存知识进行整合，修改之前的思维模式，并储存新知识（Huber, G. P., 1991）。当企业间行为模式默契程度较低时，将会影响成员企业对知识源的识别与认知，也会导致知识转移过程中步调的不一致，从而影响了知识的顺利转移，阻碍了企业间的知识共享程度的提高。Hamel、Doz 和 Prahalad（1996）认为组织在共同行为的基础假设下，沟通将显得更加容易，因而能降低知识转移的成本并提高转移的效率。

综上分析，适度的组织间合作创新行为默契降低了合作的不确定性，提高了网络稳定性。同时，组织间合作创新行为默契促进了企业间的知识与信息的识别与有效转移，提高了企业间知识共享水平；有利于企业间关系协调和控制水平，从而提高了创新网络的创新独占水平。因此，我们提出如下假设：

假设1a：技术创新网络中，合作创新行为默契与网络稳定呈倒"U"形关系。

假设1b：技术创新网络中，合作创新行为默契正向影响创新独占。

假设1c：技术创新网络中，合作创新行为默契正向影响知识共享。

2. 创新网络规范共识与创新网络治理目标

技术创新网络中，共同认可的规范，可以消除成员之间的习惯性防卫心理和行为，建立良好的信赖合作关系，有效地减少合作过程中冲突的出现以及解决业已存在的矛盾，能够增强合作关系的稳定，促进知识共享，提高创新独占。

首先，较高的创新网络规范共识水平为网络成员之间的协调提供了良好的条件。创新网络中，较高的创新网络规范共识水平意味着企业对合作伙伴的专长的共同理解。Henry 等（1995）的研究表明，在群体成员明确相互专长领域的情况下，他们之间的讨论更深入且具有建设性，因而能够提出更具创造力的解决方案（Henry R.，1995）。因此，基于对合作伙伴专长的了解与信任，网络成员不仅能够更有效地分配任务，而且能够快速、准确地寻求并获得信息帮助（Henry R.，1995），与具备不同专长领域的个体进行互动。从而促进创新网络中组织间的协调，提高网络稳定性。

然而，当认知积累超过一定程度后，合作伙伴间的思维模式会过度一致，可能表现出思维模式的趋同和僵化，不利于独立思考，由此降低了合作伙伴之间解决挑战性问题、探索创造性解决方案的能力，特别是在面临多变的外部环境时，最终无法做出最优的决策。此外，对合作伙伴的过于认可会降低建设性冲突的产生，不利于发现合作过程中存在的问题而使得合作处于低效，最终导致网络的不稳定。Fang E.（2011）也指出，在活动协作过程中，企业间差异化认知会激发创新因子。

其次，较高的创新网络规范共识水平提高了组织成员对任务角色和彼此关系的认识。网络在获得利益的同时需要对利益进行分配，创新网络中的企业由于分工不同，所付出的投入不同，对创新网络的贡献也就不同，当然从创新网络中获得收益也应有所不同。企业间创新网络规范共识使企业能够清楚地认识到自己在创新网络中所占的位置、在网络中所做的贡献及彼此间的关系。因此，在进行利益分配时能够自觉遵守"多劳多得"原则，从而使得最后制定的收益分配方案更容易让成员企业接受，使得其他成员的公平感知比较强烈。同时，由于网络成员对任务角色和彼此关系的清楚认识增强了组织间的合作关系，使网络成员自发维护创新成果不至于外泄。

最后，企业间适度的创新网络规范共识水平有利于企业间知识共享。Doz 和 Santos 认为：有效的知识转移是一种知识发出者与接收者间的有关他们自身情景和知识实体的对话，情景蕴含于企业的文化和规范中，它能引导人的认知和知识学习，对合作规范具有高度共识的企业，有着类似的情景和行为，所转移的知识更易于满足需求方的要求，更易于被认同、理解和吸收。因此，较高的创新网络规范共识水平强化了企业间的沟通与交流，成员之间可以更加畅通地交流思想、分享经验，从而减少了合作企业在知识共享中可能产生的误解，提高了知识接收方的吸收能力（Cohen W. M. & Levinthal D. A.，1991）。Lane 和 Lubatkin（1998）提出，当信息接收企业理解并共享信息发送企业体系中的假设，学习会更容易。行为规范上的相近和对目标的一致性理解会使得成员看到整合和改进他们各自知识资源的潜在价值，从而有了较高的知识共享和创造意愿（Nahaplet J.，1998）。

然而，组织成员间已经形成许多规范和习惯性标准程序成为共识时，当这种创新网络规范共识水平太高时，它们会阻碍创新网络适应环境的变化。一是会通过创新网络规范阻碍重组；二是规范化的共识排斥对其他可能的选择。从组织学习的角度看，开发过程会排斥探索过程，这也会阻碍企业的创新行为。通过绩效反馈，以往成功的行动会自我增强，由此建立起来的行为路径会缩小现在和未来行动的选择范围。在最严重的情况下，网络中成员的行为就被锁定，其余的任何行动选择都会受到排斥。Uzzi（1997）也认为网络整体思维的形成，将使网络整体表现出对外部新事物的排斥。

综上分析，一方面，适度的创新网络规范共识有利于企业间协调行为，并提高了创新网络稳定性；另一方面，创新网络规范共识水平通过确定企业的关系与角色，节约了合作企业的认知资源，促进了企业间创新独占，适度的创新网络规范共识水平有利于企业间知识共享，太高或太低的创新网络规范共识都会阻碍企业间知识共享程度。因此，我们提出如下假设：

假设 1d：创新网络规范共识与网络稳定呈倒"U"形关系。

假设1e：创新网络规范共识正向影响创新独占。

假设1f：创新网络规范共识与知识共享呈倒"U"形关系。

（二）网络惯例与关系机制

关系机制捕捉合作过程中伙伴的行为和互动。是以社会关系为基础，强调社会交往和关系在经济活动中所起的作用。关系机制强调内在的和道德的控制，通过一致的目标和合作的气氛约束合作者行为（Yi Liu & Yadong Luo，2009）。作为网络行为的基本构成要素，网络惯例很大程度上可以认为是维持并协调网络运行的核心要素（陈学光、徐金发，2006）。网络惯例是用来规定和指导成员行为的规范，能够创造以及维持组织间关系（Brian T. Pentland，2004）。因此，我们提出如下假设：

假设2：技术创新网络中，网络惯例对企业间关系机制具有影响作用。

为了更深入地研究网络惯例与关系机制之间的关系，本书将关系机制划分为共同信任、关系承诺和关系嵌入三个维度，下面进行深入论述网络惯例的合作创新行为默契和创新网络规范共识两个维度与关系机制不同维度之间的关系，并提出相应假设。

1. 合作创新行为默契与关系机制

创新网络中，合作创新行为默契是一种被大多数网络成员接受的，在处理相类似问题时重复且固定行动的一致性程度，通常是基于以往合作经验或是参考合作行为发生时的具体实践，具有路径依赖的特性（党兴华、孙永磊，2013）。惯例产生指导组织任务的一致行为序列（Zollo M. & Winter S. G.，2002）来指导企业成员的行为。虽然企业可能会根据主要的环境变化改变它们的惯例（Feldman M. S.，2000），但因为惯例的路径依赖特性，这些惯例在与执行独特惯例的合作伙伴合作时，不可能在短期内被修订。因此，伙伴惯例持续运作的差异会导致企业间行为的不一致，从而影响企业间的关系机制。

首先，合作创新行为默契程度影响着组织间的共同信任。信任表明了合作企业都坚信对方不会利用己方的不足或弱点去获取利益（Ku-mar et al.，1995）。认为其愿意诚实地合作，真诚地关心双方的利益，而不会做出有损自身的行为。即表明了双方对彼此常态、诚实、合作行为的期待（Fu Kuyama，1998）。

一方面，创新网络中，由于背景的差异，企业间知识的转移往往要求对知识进行再加工和再创造。然而当企业间合作创新行为默契程度较低时，会使员工在建立、获取和掌握组织技巧以及在协调和共同支持方面存在差异（Rodriguez C. M.，2005），从而导致企业在学习速度和效率上存在差异。然而，网络成员企业期望他们的合作者能够与他们一样足够快速和有效地进行知识转移，当伙伴不能达到其所期望时便会失望，这种摩擦限制了伙伴培养成员间关系的能力。因此，企业间不一致的行为可能产生一个恶性循环，这可能使合作企业追求自身利益，减小互动，从而降低了企业间的信任程度。

另一方面，企业间的合作创新中行为默契程度反映在协调过程的不一致时也会影响企业间的关系机制。当一个企业的员工更多地将重点放在协调上，较努力地追求共同目标并确保及时完成共同的任务时，它们可能会感觉它们的合作伙伴不合作或没有帮助，甚至在"搭便车"和推卸责任，从而导致不信任和怨恨（Zaheer A. & McEvily B.，1998）。反之，弱团队工作的企业员工会感觉到对方的员工具有侵入性和主导性。因此，这些行为差异会导致未能达到合作行为预期的理想行为模式，从而减弱了企业间关系并减小了他们对合作伙伴会履行义务的信心。在这种条件下，企业倾向于限制与伙伴间的互动和沟通，从而降低了它们之间的信任水平。

综上，企业间确定的规则形成的统一和系统化的群体操作，作为对成员行为的程序化的指导最终形成了同步效应（Grant，1996）。累积的经验和合作管理过程有利于克服不信任，减小机会主义行为并从整体上促进合作（B. B. Nielsen and S.，2009）。因此，我们提出如下假设：

假设2a：技术创新网络中，合作创新行为默契正向影响企业间共同信任。

其次，企业间合作创新行为默契影响着组织间关系承诺。关系承诺表明了伙伴建立联盟中持久的、互惠义务的意图（D. Lavie，2012）。企业间的合作创新行为默契会使成员企业的利益得到尊重，这样会对合作伙伴的工作予以满意评价，进而以持续关系的形式承诺于合作伙伴，增加了组织间关系承诺。

一方面，在创新网络中，企业间一致的行为方式表示对成员碰到的问题的解决，它们代表本地高效的解决方案（Håkansson & Snehota，1995），是组织成员为了完成工作而对争议达成的妥协。Min 等研究发现合作伙伴间的联合行动，如计划制定、目标设定、绩效考核和问题解决等对于合作是否成功来说都是非常关键的因素，它与信息共享紧密相关，共同促进合作关系的发展。合作双方通过采取联合行动能够更好地应付动态环境的不确定性，并且在合作中不断提升彼此的信任及其承诺的水平（Min, S. & Roath, A. S.，2005）。因此，与特定伙伴的行为默契在当合作伙伴决定谈判或退出合作承诺时不容易转向其他用途或伙伴，即行为一致性促进了合作伙伴间对未来预期的需求和变化进行适应，并集中于共同的利益。这样，组织间合作创新行为默契减小了企业转向其他新伙伴的意愿，从而增强了其对现有伙伴的承诺（Laura Poppo & Kevin Zheng Zhou，2008）。

另一方面，组织间合作创新行为默契可以用来协调互动的企业个体行为（Andersen，2003）。它们反映了成员在试图减小协调成本，从而达到某种特定操作过程的一致性（Håkansson & Snehota，1995）。这些过程使关系达到稳定并在网络中成为一种重复行为（Cyert & March，1963）。这种行为默契也表明合作伙伴不仅拥有共同重要的资源和在关系中所能得到的私人利益，而且在评估未来行为中，行为默契也可能在合作伙伴间注入积极的预期。这种对合作伙伴的行为预期为企业提供决策基础（Simon，1947；Stene，1940）。这种预期纳入到有较高相互契合的决策中（Markus C. Becker，2005），使企业以高水平的行动对对方的期望予以回应，即表现为更长时间的关系持续（Krause et al.，2000）。这样，企业间合作创新行为默契加强了对合作伙伴未来成功交换的意图和行为积极的预期，从而加强了组织间承诺。

综上分析，创新网络中，由于企业与特定伙伴的合作创新行为默契不仅能够有助于企业间共同解决问题，减小组织间冲突和不确定性，这种行为默契不易于转向其他合作伙伴，从而增加了其对现有合作伙伴的承诺。而且企业间合作创新行为默契增加了企业对合作伙伴更积极的行为预期，这种对其他参与成员行为的稳定预期构成了参与人决策的基础，这种有利于决策的预期形成了共同的高度配合，从而增加了企业间合作意愿，提高了企业间的关系承诺。因此我们提出如下假设：

假设2b：技术创新网络中，合作创新行为默契正向影响企业间关系承诺。

最后，企业间合作创新行为默契负向影响网络中的关系嵌入。具体表现如下：

一方面，在创新网络中，当企业间合作创新行为默契程度较高时，网络成员将按既有行为模式行事，即使这些行为随着时间的推移不再合理，甚至是偏颇的，企业成员也不再进行理性的判断（Gunno Park & Jina Kang，2013），即网络成员将会只集中于过去所常出现的行为模式或已被证明为合理的行为（Staw，Sandelands & Dutton，1981）。因此，网络成员会运用其内在持久不变的认知结构去解释外在环境中的信息（Starbuck & Hedberg，1977）。组织在决策过程中会更加一致性地筛选其关注的信息（Starbuck & Milliken，1988），这样降低了网络成员与拥有新颖异质信息成员的互动。

另一方面，当创新网络成员间合作创新行为默契程度较高时，网络成员已经形成了一系列共同的行为模式（Kaplan & Henderson，2005），并在合作过程中形成趋同思维，这种思维会导致排斥新的合作方案。趋同思维导致组织抵制干扰和不和谐主题，强调行动偏好于一致性信息，而规避负反馈偏差带来的冲突。当外部环境发生变化时，网络成员间的行动模式被牢牢锁定而无法改变（张江峰，2010），因此导致不适应环境的合作模式，从而降低了企业间的关系嵌入。

综上分析，企业间合作创新行为默契一方面使企业成员忽略了对新颖知识的关注，从而降低了企业与新颖知识源的互动。另一方面，企业间合作创新行为默契形成的趋同思维使企业间行为发生锁定，从而导致不适应环境的合作模式，从而降低了企业间关系嵌入。因此，我们提出如下假设：

假设2c：技术创新网络中，合作创新行为默契负向影响企业间关系嵌入。

2. 创新网络规范共识与关系机制

创新网络规范是指组织成员对以非规章制度形式体现的操作流程或通过潜在规范强化形成的不成文的规则的接受程度（党兴华和孙永磊，2013）。Macneil（1980）将关系规范定义为一系列用于维持、提高以及巩固企业间合作关系的行为。创新网络规范共识会通过影响组织成员对彼此关系的认知，有利于组织成员间的角色定位，建立企业间共同秩序等影响组织间关系机制。具体表现如下：

首先，创新网络规范共识影响企业间共同信任。

一方面，通过提高创新网络规范共识水平，增强了组织成员对任务角色和彼此关系的认识（Jansen et al.，2005）。Dwyer等（1987）指出通过关系规范的采用及标准的建立，可以为合作企业在关系初期设立一个未来的角色基本定位。创新网络规范共识水平的提高意味着组织成员对有关这一主题的彼此的能力，必须执行的任务，合作过程及外部环境（Mohammed & Dumville，2001）有清楚的认识，能帮助合作成员协调他们的行为，增加了他们合作的有效性和恰当的任务分配（Liang，1995；Moreland et al.，2000），使信息更有效地传递，从而能更好地预测合作伙伴的行为（Blickensderfer，1998），增加合作伙伴彼此的信任。Aulakh等（1996）在处理跨边界营销伙伴的行为问题时发现，启动和培养企业间持续的、灵活的和信息交换的规范与企业间信任正相关。

另一方面，在关系发展过程中，若双方都认可这些规范的公平性和合理性，将增进彼此的信任。信任建立的基础是合作成员共同拥有的规范。社会交换理论认为，合作企业间的信任关系来源于企业间对公平性的感知，合作双方对公平性的认可程度与信任程度具有正相关的关联。企业在合作关系中的公平性认知是合作伙伴间发展信任的必备条件（Anderson，E. & Weitz，B.，1992）。如果合作双方完全建立起关系规范，并按照这些规范处理往来的业务。那么，对任何一方企业来说对方的行为是可以预测的，是值得信任的。合作企业间的关系规范，例如企业间的信息交换、在意外情况下的相互协作以及预期对方重视合作关系等规范，是合作间建立信任关系的基础（Dyer & Chu，2003）。

综上分析，在创新网络中，创新网络规范共识使网络成员能对伙伴关系及其角色合理定位，从而对合作伙伴未来行为准确预期，提高企业对合作伙伴的信任程度。创新网络规范共识表明企业对企业间规范的公平性和合理性的认可程度，对规范认可程度越高，表明合作伙伴遵守规范的可能性越大，企业间行为预期越可靠，因此企业间的信任程度也越高。因此，我们提出如下假设：

假设2d：创新网络规范共识正向影响企业间共同信任。

其次，创新网络规范共识影响企业间关系承诺。创新网络规范共识将孕育其中的共同价值观、相互支持和利益结盟，创新网络规范共识水平高，企业将会调整自己的行为，努力按照对方期望的那样行动，这样进而提升合作关系中的承诺水平。

一方面，创新网络规范共识通过双方清晰的角色定位，显著提升关系中的承诺水平。创新网络规范共识可以大大减少关系中的角色模糊和角色冲突，从而大大提升双方的承诺水平。这表现为特定的关系流程配备相应的人员，这种配备会使得对方的工作变得更为愉悦，也就使得关系持续（Flint et al.，2002）。创新网络规范共识可以确保合作伙伴之间的相互支持和共同发展的工作氛围，从而驱动合作伙伴主动的遵从行为（Mohr et al.，1996），使成员预测合作伙伴的行为并根据预测相应的反应调整自己的行为（Blickensderfer，2000）。

另一方面，创新网络规范共识使合作伙伴会基于共同的责任和利益，彼此间根据变化的环境进行调整和适应，以达到相互满意的妥协而避免诉求于正式的程序。关系规范建立在彼此信任和充分沟通基础上。高水平的创新网络规范共识会使企业认为与合作伙伴具有共同的利益和理念，企业不愿意放弃目前的合作伙伴转而寻找其他的合作者。因此，企业会以互惠互利的原则发展合作关系，灵活地与合作伙伴共同处理可能遇到的冲突。通过共同行动和相互适应来发展业务，不会以牺牲伙伴利益来获得成功，而灵活性和冲突的调和则要求双方灵活机动地处理突发事件，并尽力达成双方都满意的方案以避免冲突。当企业感知到合作伙伴这种积极和友好的情感时，会增加对合作伙伴的信任和积极情感，这增加了双方对关系的满意和继续关系的意愿，从而增加对伙伴的承诺。

综上分析，创新网络规范共识减小了角色模糊和角色冲突，使企业能够清晰定位，增加了企业间的合作意愿；企业间具有较高的创新网络规范共识水平可以表明企业间具有共同的利益和理念，会主动进行相互调整和适应，从而增加了企业间的积极情感，提高了企业间的关系承诺水平。因此，我们提出如下假设：

假设2e：创新网络规范共识正向影响企业间关系承诺。

最后，创新网络规范共识负向影响企业间关系嵌入。

一方面，创新网络规范共识影响企业对有价值信息合作伙伴的了解与识别。企业间较高水平的创新网络规范共识使企业之间形成固定的思维模式，在企业间关系中不鼓励创新，过分强调控制和服从。以既有的关系假设和战略应对已发生改变的市场环境，不能超越既有的决策框架，受制于那些不再有价值的信息渠道和决策流程，对不断变化信息源缺乏关注（Gustafson & Reger，1995），因此与拥有有价值信息的伙伴保持既有关系，缺乏更深入的沟通与交流。

另一方面，创新网络规范共识影响网络成员之间关系的保持。高水平的创新网络规范共识使网络成员在与合作伙伴保持关系的过程中，常常有意识地进行筛选与淘汰，把与企业价值观念和思想不一致的人员排斥出去，进一步保持网络规范的稳定性与连续性。这种网络规范要求网络内的各成员具有相对正式的角色和职责，按照相对集中的程序和高度专业化的作业流程实施创新，从而形成保守的网络规范，排除不一致的思想和价值观。

综上分析，创新网络规范共识一方面影响网络成员对合作伙伴拥有信息的识别与了解，使企业成员无法关注新的信息源，无法与拥有新信息的成员结成紧密的关系；另一方面，创新网络规范会影响与合作伙伴关系的保持，使企业成员排除异质的思想，从而降低企业间的关系嵌入。因此，我们提出如下假设：

假设2f：创新网络规范共识负向影响企业间关系嵌入。

（三）关系机制与创新网络治理目标

关系机制作为反映企业间的行为和互动的变量，一方面通过影响企业间关系效率，减小企业间冲突和机会主义行为的发生，建立商誉，促进互惠，提高合作效率，从而有利于提高技术创新网络治理目标。另一方面，伙伴间关系机制的提高促进企业间知识转移效果，提高网络中知识共享水平。因此，本书提出如下假设：

假设3：技术创新网络中，企业间关系机制对创新网络治理目标具有影响作用。

下面进行分别深入论述关系机制的三个维度共同信任、关系承诺和关系嵌入与网络治理目标的三个维度网络稳定、知识共享与创新独占之间的关系，并提出相应假设。

1. 共同信任与网络治理目标

信任是组织间关系的主要特征之一，是维系企业间长远关系的基础，能够构筑"企业不会把自己的利益建立在合作伙伴的利益基础上"的信念（艾上钢，2005）。在相互信任的环境中，信任促进企业间的合作效率与知识共享，从而实现创新网络的治理目标。具体表现在以下三个方面：

首先，共同信任促进了创新网络关系稳定性的提高。相互信任是企业间长期合作的基础，只有合作伙伴彼此间相互信任，能够进行有效的、富有建设性的沟通，才能共同解决面临的问题，以创造出比自己企业单独所能达到的更高的绩效（Terawatanavong C., Quazi A., 2006）。从而有助于维持网络的稳定以及改进联盟的治理方式（Zollo M., Reuer J. & Singh H., 2002）。因此，信任降低了双方对彼此的攻击和陷害的顾虑，有利于维持伙伴成员关系的持续性（Jantunen A., 2005）。Capuldo（2007）通过对3家制造企业长达30多年的追踪研究，指出企业间基于信任的知识密集型关系有利于提升企业网络的稳定性。另外，Mari Sako 和 Susan Helper（1998）还认为信任使得企业网络能够快速适应无法预料的环境，减少交易成本，提高交易效率，促进联盟网络内企业间关系的稳定性。

其次，共同信任可以提高创新网络中的创新独占水平。在创新网络中，信任用来表征网络成员在合作过程中相信对方不会故意侵犯自己的利益同时也会在合作中积极贡献自己的力量的程度。创新网络中的合作伙伴间经过重复博弈后，能够建立一定程度的信任关系。在这种信任关系的制约下，大家往往会达成共识，共同遵守同一规则，或维持契约变更的规则，从而使网络成员能保证不侵犯伙伴的知识权利。另外，在创新网络中，由于高信任关系存在，各方为了谋求长远利益和稳定发展，不会过多注重短期利益，而更关注企业及创新网络的长期稳定发展。Kim 和 Mauborgne（1998）发现，创新网络在开展创新活动的过程中由于存在着高度的不确定性，网络成员最后获得的收益可能有很大的差别性。这时，若在网络中存在着高度的信任以及良好的合作关系，那么网络中的成员能够更好地接受这种利益的差别。

最后，共同信任有利于创新网络中知识的共享。创新网络成员企业间的信任关系是相互间共享或交易知识的必要条件。Inkpen 和 Ross（2001）指出在基于信任的伙伴关系下，伙伴间非常愿意准确及时的共享知识和其他资源，隐性知识交换并不直接受契约约束，只有在伙伴间形成充分的信任才会使隐性知识交换和转移变得更为便利和流畅。一旦交易双方建立起相互的信任，他们就愿意共享有价值的信息（龚毅、谢恩，2005）。信任是企业间知识转移与知识共享的基础，合作的信任程度是影响知识交流最重要的变量，信任能提升企业间资源共享的意愿。可见，信任因素在知识市场及知识交易中是至关重要的，在相互信任的创新合作中，合作伙伴没有觉得他们必须保护他们自己不受其他伙伴投机行为的影响，信任的气氛有助于创新伙伴之间进行自由交换创新知识。信任还有助于创新合作伙伴间交易成本的降低，信任让合作双方自愿地承担责任（Riddalls S. C. E.，Bennett S.，et al.，2000）。这将降低伙伴间信息（知识）交换成本，从而提高了知识交易成功的可能性，有助于企业创新能力的提升。从而使创新合作中各节点企业愿意共享或交易更多的知识（信息）。Hagel 和 Singer（1999）指出企业间的信任程度越高，则企业间的交换成本就会越低，从而使互动成本越小。这样就提高了知识交易成功的可能性，有助于企业间知识共享程度的提高。

基于以上分析，我们提出如下假设：

假设 3a：技术创新网络中，企业间共同信任正向影响网络稳定。

假设 3b：技术创新网络中，企业间共同信任正向影响创新独占。

假设 3c：技术创新网络中，企业间共同信任正向影响知识共享。

2. 关系承诺与网络治理目标

关系承诺有助于伙伴间建立长期、亲密的合作关系，从而促进企业间知识的交换效率，维持企业间关系网络的稳定性，提高创新网络创新独占水平，实现创新网络的治理目标。具体表现在以下三个方面：

首先，创新网络中，关系承诺有利于维持网络的稳定性。关系承诺是企业间建立长期合作伙伴关系的关键因素。合作双方的关系越好，就越愿意为维持现有关系而付出努力，为短期利益而作出损害关系的可能就越小。当合作伙伴间关系承诺增加时，合作伙伴注重的是长远合作，为保持稳定的伙伴关系，交易中的双方就会有沟通和通过信息共享来相互理解的意愿，合作企业会放弃一些短期的诱惑，均不会做出有损对方利益的事情，从而减少了创新网络中机会主义行为的发生，促进了企业间的合作。Joshi 和 Stump（1999）指出，有效管理的关系以高的承诺水平和低的机会主义为特点。Williamson（1985）认为，互惠或共同承诺的投入会带来稳定的长期关系，在这种关系中机会主义行为会减少，因为它违背了各方的利益。Anderson 和 Weitz（1992）认为承诺是"发展稳定关系的渴望，维持关系而愿意付出短期利益损失的意愿，以及对未来关系的稳定性的信心"。如果拥有承诺的话，伙伴就愿意积极地建立一个稳定的商业关系，它减小了关系解散的可能性。

其次，关系承诺提高了创新网络中企业间创新独占水平。在博弈论中，合作意愿也被称作预期，认为对相互合作的互利行为所产生的未来价值的预期，使得未来对现在的行为产生更大程度的影响。合作行为能使现在的行为与未来结果之间的联系更为紧密，因为它通过增加追求现在利益的欺骗行为的成本来鼓励双方采取互利的合作行为而推动组织内成员间的进一步合作。因此，当关系承诺增加，即合作意愿增强时，企业将为了未来持续的合作，将避免机会主义行为。

最后，创新网络中，企业间关系承诺提高了企业间知识共享水平。当创新网络中成员企业间关系承诺提高时，合作企业更愿意通过知识交易达到优势互补，实现成员企业间的知识共享，使成员企业获取企业外部的先进知识，并通过知识应用和创新，最终实现创新网络的治理目标。相反，当创新网络中企业成员间合作意愿，即关系承诺减少时，知识拥有者为了避免知识需求者"搭便车"及"知识泄露"的风险，往往会选择减少知识交易或共享。许多研究证实了关系承诺促进了伙伴间知识的共享。Kolekofshi 和 Heminger（2003）指出交易双方的态度影响信息共享的程度及类型。

综上分析，企业间关系承诺一方面有利于企业间减小交易成本，保持稳定的伙伴关系，避免机会主义行为的发生；另一方面，企业间关系承诺提高了合作伙伴分享知识的意愿，促进了合作伙伴间的知识共享。另外，企业间关系承诺提高了创新网络中的创新独占水平。因此我们提出如下假设：

假设3d：技术创新网络中，企业间关系承诺正向影响网络稳定。

假设3e：技术创新网络中，企业间关系承诺正向影响创新独占。

假设3f：技术创新网络中，企业间关系承诺正向影响知识共享。

3. 关系嵌入与网络治理目标

关系嵌入反映企业社会依赖和伙伴关系的强度，关系嵌入有助于伙伴通过分享和发展专门知识（Dhanaraj C., Lyles M. A., 2004），并通过培养从事协作任务的个体间的互动（McEvily B., Marcus A., 2005）识别价值创造机会，从而实现创新网络治理目标。具体表现在如下几方面：

首先，关系嵌入有利于维持创新网络的稳定性。关系嵌入能促进交易双方相互协调并一起解决合作中遇到的问题，这减少了企业间合作的障碍和成本，增加合作效率，从而推动了合作技术创新，提高了创新网络的稳定性。Coleman（1994）曾指出：成员彼此互动程度越高，产生的信息与资源交换就会增加，而且当一个网络内有互动，成员企业就会分享价值、信念或目标，也容易产生情绪感染，因此对网络稳定运作容易产生正向影响。相反，当成员企业彼此的互动程度较低，表示网络内企业间的联系少或是只限于少数企业间有互动，不利于信息和资源的共享，会对网络的稳定运作产生不良的影响。

其次，关系嵌入促进了创新网络中的创新独占水平。与低质量的社会互动会导致低效甚至冲突相比，网络成员可以通过熟知来建立相互之间的合作基础，可以促进对有关问题的共识，树立长期的互惠观，并通过集体的互动、建立集体制裁等制度，以获取共同的收益。Granovetter 认为，正是这网络关系嵌入，使得经济行为主体之间产生了互动，限制了机会主义行为，保证了交易的顺畅进行。Rowley、Behrens 和 Krackhardt（2000）也认为强关系还有利于建立行为规范和获得社会认可，培育互惠意识和长期合作观念，发展共同解决问题的制度安排，因此可充当治理伙伴行为的社会控制机制。

最后，适度的关系嵌入可以使企业通过与合作伙伴互动交流，获取准确、及时的信息，识别各种技术机会和市场机会，从而抓住机会实现技术创新，提高企业间的知识共享。当创新网络中企业嵌入水平增大时，企业之间的相互了解深入，企业间信息交换也越频繁，信息交换的内容更为细致、复杂，甚至会更多地涉及对方的核心信息。同时，密切合作的伙伴之间会互相推荐合作伙伴，使企业可以接触的创新所需的知识与资源范围越广，从而更利于促进企业的知识共享。Larson A. 等（1992）指出企业与网络成员之间形成的较强联系，不仅为企业搭建了输入技术知识（包括缄默的技术知识）的桥梁，而且构成了高质量信息的渠道（Larson A.，1992），推动了复杂知识的转移（Coleman J. S.，1988；Hansen M. T.，1999），这些在很大程度上能促进企业提高自身的技术创新能力。

然而，Uzzi（1999）则指出嵌入的理想强度是处于中间状态，既不要太紧以至于无法解散关系，也不要太松以至于无法形成关系。企业保持过多的强联结关系容易导致企业局限于一个小集团中，形成过度嵌入问题，从而会限制新的、有价值的信息流入伙伴企业的可能性。同时，保持过少的弱联结又会影响企业复杂知识的获取。Kraatz（1998）认为网络关系中的弱联结侧重于强调互动内容的广度，可以保持网络关系动态演进的弹性，增加组织的灵活性。强联结则关注互动内容的深度，能够提升组织的效率，但却会易使网络产生惰性与束缚，形成网络锁定。Hakansson 和 Snehota（2002）也指出，当企业在网络中嵌入程度过强时，网络嵌入性可能会对企业绩效起负作用。

综上分析，企业"嵌入性不足"会导致企业间交易效率的下降，而"过度嵌入化"则可能局限行动者的视野，关系嵌入性的理想强度是处于中间状态（Uzzi，1997）。即适度的关系嵌入能够让企业高效的交换到精练的知识，有利于隐性知识的传递与分享。因此，我们提出如下假设：

假设 3g：技术创新网络中，企业间关系嵌入正向影响网络稳定。

假设 3h：技术创新网络中，企业间关系嵌入与知识共享呈倒"U"形关系。

假设 3i：技术创新网络中，企业间关系嵌入正向影响创新独占。

四、本章小结

本章首先针对以往研究取得的进展和不足，对本书的理论基础进行了较为详细地说明和拓展，在此基础上提出了本书的研究假设。最后，在总结前面的理论拓展和假设的基础上，提出了本书的概念模型。本章是本书的核心章节，在本书中起承上启下的作用。本章意在上一章文献梳理的基础上从理论层面分析技术创新网络惯例通过关系机制对网络治理目标的影响作用，并提出可检验的研究假设以对理论分析的结论进行实证检验。本书提出的待检验假设如表 3 – 1 所示：

表 3 – 1　本书的研究假设总结

假设编号	假设内容
H1	技术创新网络中，网络惯例对网络治理目标具有影响作用
H1a	技术创新网络中，合作创新行为默契与创新网络稳定程度呈倒"U"形关系
H1b	技术创新网络中，合作创新行为默契正向影响创新独占

续表

假设编号	假设内容
H1c	技术创新网络中，合作创新行为默契正向影响知识共享
H1d	创新网络规范共识与创新网络稳定程度呈倒"U"形关系
H1e	创新网络规范共识正向影响创新独占
H1f	创新网络规范共识与知识共享呈倒"U"形关系
H2	技术创新网络中，网络惯例对组织间关系机制具有影响作用
H2a	技术创新网络中，合作创新行为默契程度正向影响企业间共同信任
H2b	技术创新网络中，合作创新行为默契程度正向影响企业间关系承诺
H2c	技术创新网络中，合作创新行为默契程度负向影响企业间关系嵌入
H2d	创新网络规范共识正向影响企业间共同信任
H2e	创新网络规范共识正向影响企业间关系承诺
H2f	创新网络规范共识负向影响企业间关系嵌入
H3	技术创新网络中，组织间关系机制对网络治理目标具有影响作用
H3a	技术创新网络中，企业间共同信任正向影响网络稳定
H3b	技术创新网络中，企业间共同信任正向影响网络创新独占
H3c	技术创新网络中，企业间共同信任正向影响知识共享
H3d	技术创新网络中，企业间关系承诺正向影响网络稳定性
H3e	技术创新网络中，企业间关系承诺正向影响创新独占
H3f	技术创新网络中，企业间关系承诺正向影响知识共享
H3g	技术创新网络中，企业间关系嵌入正向影响网络稳定性
H3h	技术创新网络中，企业间关系嵌入正向影响创新独占
H3i	技术创新网络中，企业间关系嵌入与知识共享呈倒"U"形关系

本书在对前面的假设推理的基础上，根据根据以往的研究，对网络惯例在本书中的构成要素进行了分析，构建了一个包括网络惯例、关系机制和网络创新绩效的整体理论模型。

本部分首先针对以往研究取得的进展和不足，对本书的理论基础进行了较为详细的说明和拓展，在此基础上提出了本书假设。最后，在总结前面的理论拓展和假设的基础上，提出了本书的概念模型。本章是本书的核心章节，起承上启下的作用。本章意在上一章文献梳理的基础上从理论层面分析技术创新网络惯例通过关系机制对网络治理目标的影响作用，并提出可检验的研究假设以对理论分析的结论进行实证检验。

第四章　研究设计

　　在前面的章节中，本书根据相关文献提出了网络惯例、关系机制、网络治理目标的关系框架以及研究假设。由于本书属于企业网络层面的研究，所需数据无法从公开资料中获得，因此本书的数据收集采用了问卷调查的方式。本书存在控制变量、自变量以及中介变量，而多元逐步回归分析的方法能通过分步检验每一组自变量进入模型之后的的变化，从而判断新的变量进入之后模型是否有所改善。因此，本书采用逐步加入控制变量、自变量，中介变量的逐步回归分析方法。本章将对本书的研究方法进行阐述，具体来说包括以下几部分内容：首先是变量的测量方法，介绍如何对研究中涉及的潜变量进行测量；其次是数据的收集方法，包括抽样方法、问卷编制和预测试；最后是数据的分析方法，包括数据的描述性统计分析，量表的信度、效度分析和假设检验的方法。

一、问卷设计

　　本节旨在为检验前述的概念模型和研究假设而设计合理的测量问卷，主要包括部分：首先，介绍本书问卷的设计原则与程序；其次，借鉴现有文献中相关的变量测量量表，在遵循问卷设计原则的基础上，结合本书思路及企业访谈调查，形成了初始测量量表；最后，通过小规模访谈和企业走访的方法，对测量量表进行信度和效度评估，并根据评估结果对量表进行必要的修正，形成了最终的测量量表，为大规模的正式调查提供了数据收集工具。

（一）问卷设计的原则与过程

本书主要是研究网络惯例、关系机制、网络治理目标的关系，需要通过问卷调查来收集数据，从而达到实证研究的目的。实证研究中，变量量表指标设计的好坏，在很大程度上决定了研究统计分析结果的可靠性和有效性。因而，研究问卷的编制与质量控制成为本书的关键工作之一。

1. 问卷编制原则

本书在设计变量量表的测量指标时，主要遵循以下原则：

第一，量表题项应标准化、规范化。本书尽量采用已有变量的测量量表，并且这些量表被证明具有很好的测量信度和效度。对于本书所用来自英文文献的量表，为了保证量表测量指标在语义上的准确性，在量表编制过程中，借鉴 Slotegraaf & Atuahene – Gima（2011）的研究思路，采取双向翻译的方法（double – translation）：首先将量表翻译成中文，其次将量表翻译回英文，并且在保证不改变测项原意的情况下，尽量采用意译的方法，以使问卷更符合中国人的思维方式和语言习惯。

第二，问题的表达方式必须符合被调查对象的文化水平、社会背景等特点。本书尽量采用中国环境已经使用过的，并且经过验证具有很好信度和效度的量表。问卷力求问题不过于学术化，也不应要求被访者需要一定的专业知识背景来答题。

第三，问卷必须紧扣主题，每一道问题都应该忠实于模型。本书对于某一个（些）变量，若不能找到比较合适的量表，就根据现有的文献资料并结合本书对于该变量的界定，归纳提炼出该变量的主要特征作为测量量表。

2. 问卷设计过程

第一，收集文献中与本文所测变量相关的量表，形成初始问卷。通过整理国内外关于惯例、关系机制和网络治理目标的相关重要文献，并结合本书的理论构思，进行研究量表的编制。对于外文文献中的量表题项，为确保国外文献相关测量题项翻译的准确性，本书对量表题项进行了双向回译，即笔者将测量题项翻译成中文版本，仔细斟酌确定合适的译句和表达，在原意可信基础上，力求语意为本土实践者理解，然后请专业人员将中文翻译成英文量表，通过对比两个英文版量表，验证题项中文翻译的表述是否完整准确；并请在国外留学多年的同事和老师对中英文内容进行了审核和修改，以尽量保证相应的英文条款的原意。在此基础上，形成了问卷初稿。

第二，与相关领域专家讨论，对问卷题项做修正与补充。吴明隆（2003）指出在对题项集合进行量化的分析提炼之前，有必要请该领域的专家对题项的相关性、清晰性和简洁性进行评价并提出修改意见，以提高量表开发的专家效度。因此，为了进一步增强量表的专家效度，笔者在与学术团队成员和相关领域专家（两位教授）对变量的含义以及变量的题项进行讨论，对题项设置和措辞合理性等方面进行详细讨论，并结合中国人的文化和语言习惯，对题项设计、语言表达、题项归类与问卷格式等修改和补充，注意问卷内容的前后呼应等。

第三，通过企业深入访谈进一步完善量表。为了确保测量题项符合企业的实际情况，笔者利用团队做横向项目机会就问卷初稿先后向三位企业高层管理人员（包括总经理与质量经理等）进行深入访谈，请他们反馈量表中的变量测度能否反映企业实际情况以及变量之间的逻辑关系是否与企业实际情况相称。再邀请五位企业的中层人员就问卷的清晰性和可理解性进行访谈以确保问卷是否容易理解，问卷不存在难以回答的问题以及不存在涉及企业秘密的敏感问题等，然后根据反馈情况进一步对量表进行修改和补充，使量表能够切实反映企业的实际情况，易于被企业员工理解。

第四，小样本预测试，再次修正问卷。在进行正式大规模发放问卷之前，本书进行一次前测的分析工作，目的是依据小规模调查收集问卷的结果，根据问卷的填写情况，以 SPSS 16.0 作为资料分析工具，结合探索性因子分析，进行信度分析、因子分析删除内部一致性较差的题项，或对内部一致性较差的题项进行修改，筛选出最能度量所需测量变量的题项，形成最终用于大规模发放的简捷有效问卷（参见本书附录）。问卷的设计流程如图 4－1 所示。问卷的大多数题项采用 Likert 五点量表。

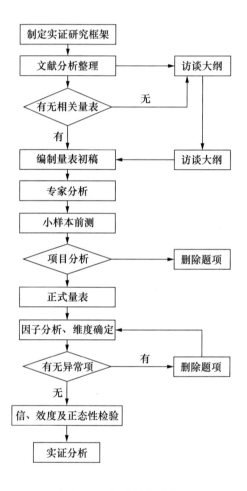

图 4－1　问卷编制流程

（二）变量的测量

根据前文的研究假设和理论模型，本书需要测量的变量大致有四类：①被解释变量网络治理目标；②解释变量网络惯例，包括合作创新行为默契程度和创新网络规范共识两个维度；③中介变量关系机制，包括共同信任，关系承诺和关系嵌入三个维度；④控制变量，是指没有进入正式模型，但是对模型中的某些变量具有潜在影响的因素。本书中用到的研究变量的量表，主要借用前人研究的成熟量表。由于这些量表已经过反复检验，因此具有较高的信度和效度，可以为本书直接借用。调查问卷中，根据 Berdie 的观点：在大多数情况下五点计分是最可靠的，因为三点计分限制了温和意见与强烈意见的表达，而若选项超过五点，一般人则难以有足够的辨别力去进行判断。五点计分既可以表示温和意见与强烈意见的区别，又不至于让人不好判断。因此，本书对变量的测量全部采用 Liket 五点计分法，要求被调查者对问卷中所述的题项做出选择，1 表示"完全不符合"，2 表示"基本不符合"，3 表示"态度中立"，4 表示"基本符合"，5 表示"完全符合"。下文对本书所涉及变量的测量意义说明。

1. 被解释变量

网络治理目标的测量主要分为知识共享、创新独占和网络稳定三个维度。因此，测量量表将从三个维度进行设计。

（1）网络稳定的度量。对网络稳定的测量参考 Das 和 Teng（2000）、杨燕和高山行（2012）等在研究中设计的联盟稳定性测量量表以及谢永平（2013）技术创新网络治理目标网络稳定的测度量表，结合技术创新网络特征并做适当修改，共由 5 个题项组成，如表 4 – 1 所示。

表 4 – 1　网络稳定测度量表

变量	编号	测量题项	参考文献
网络稳定	WD1	贵企业与所在网络合作伙伴的合作关系能够长期持续	Das 和 Teng；杨燕和高山行；谢永平
	WD2	只有和贵企业的伙伴共同努力才能实现共同的战略目标	
	WD3	贵企业与所在网络合作伙伴关系总体上是融洽的	
	WD4	更换合作伙伴对贵企业而言代价巨大	
	WD5	贵企业与合作伙伴不仅形成了良好的合作研发关系，也形成了良好的个人关系	

（2）知识共享的度量。对知识共享的实证研究比较多，本书主要参照 Tortoriello 等（2012）、Wahab 等（2009）针对科学家合作网络中知识传递的研究中的知识共享因素量表，以及谢永平对技术创新网络治理目标的共享维度量表，结合技术创新网络特征加以修改，形成本书使用的测量量表，该量表共由 6 个题项组成，如表 4 - 2 所示。

表 4 - 2 知识共享测度量表

变量	编号	测量题项	参考文献
知识共享	GX1	贵企业与所在网络合作伙伴可以没有障碍地分享彼此的研发成果	Tortoriello 等；Wahab 等；谢永平
	GX2	贵企业的员工与网络合作伙伴的同事们经常在一起讨论问题	
	GX3	贵企业会将合作创新相关的工作内容备案，并提供给合作伙伴	
	GX4	贵企业非常热衷于与合作伙伴企业交流彼此的观点	
	GX5	贵企业和所在网络合作伙伴经常就技术问题进行讨论	
	GX6	与合作伙伴共享贵企业的知识对彼此都是有益的	

（3）创新独占的度量。网络内部知识的流动会破坏创新的独占性。非授权的模仿的可能性减少，独占性加强（Sakakibara，2002；Teece，2000）。对创新独占的测量参考 Das 和 Teng（2000）、杨燕和高山行（2012）的研究量表以及谢永平（2012）对技术创新网络治理目标的创新独占维度量表加以改进，针对联盟伙伴知识保护的研究，从"注重保护"、"限制分享"两个方面设计量表，该量表共由 9 个题项组成。

表 4 - 3 创新独占测度量表

变量	编号	测量题项	参考文献
创新独占	DZ1	未经允许贵企业所在网络的合作伙伴不会获得过多的知识资源	Das 和 Teng；杨燕和高山行；谢永平
	DZ2	贵企业所在网络的合作伙伴不会试图在人际交往中探察合约以外的知识	
	DZ3	贵企业所在网络的合作伙伴不会采取许可之外的手段获取贵企业不愿意共享的知识	
	DZ4	将贵企业的关键技能和知识暴露给所在网络的合作伙伴不会造成将知识外泄给非网络成员的后果	

变量	编号	测量题项	参考文献
创新独占	DZ5	贵企业不担心所在网络的合作伙伴在知识分享上厚此薄彼	Das 和 Teng；杨燕和高山行；谢永平
	DZ6	贵企业所在网络的合作伙伴会按照彼此合作约定将其技能和知识转移给贵企业	
	DZ7	贵企业所在网络的合作伙伴不会刻意隐瞒某些研发事实真相	
	DZ8	贵企业很少与所在网络的合作伙伴间产生技术创新成果分享方面的争议	
	DZ9	贵企业所在网络的每一个合作伙伴均会自觉履行保密义务	

2. 解释变量

根据前文关于技术创新网络中网络惯例的相关理论分析，网络惯例使用合作创新行为默契和创新网络规范共识两个维度来衡量。因此，测量量表将从两个维度进行设计。

（1）合作创新行为默契的度量。合作创新行为默契程度的测量题项设置方面，首先参考 Nooteboom 等、Garcia - Morales 等、Lavie 等（2012）以及徐建平（2009）对惯例测度量表以及孙永磊（2013）对技术创新网络惯例的行为默契程度维度测度量表，结合技术创新网络以及本文的理论分析，设置行为默契程度的测度量表，该量表由 4 个题项组成，如表 4 - 4 所示。

表 4 - 4 行为默契程度测度量表

变量	编号	测量题项	参考文献
合作创新行为默契	XW1	网络中通行的做法是我们合作创新过程中的重要参照	Nooteboom 等；Garcia - Morales 等；Lavie、Haunschild 等；徐建平；孙永磊
	XW2	在合作过程中，我们有很多行为能够与所在网络的合作伙伴达成默契	
	XW3	在与所在网络的合作伙伴合作过程中有可理解的步骤、顺序或经验可以遵循	
	XW4	由于我们已经合作了很长时间，很多创新程序都变得不证自明	

（2）创新网络规范共识的度量。创新网络规范共识的测量题项设置方面，首先参考 Nooteboom 等、Lavie 和 Haunschild 等、Garcia - Morales 等以及徐建平对惯例测度量表以及孙永磊对技术创新网络惯例的规范接受程度维度测度量表，结合技术创新网络以及本书的理论分析，设置创新网络规范共识的测度量表，该量表由 6 个题项组成，如表 4 - 5 所示。

表 4 - 5　创新网络规范共识测度量表

变量	编号	测量题项	参考文献
创新网络规范共识	GS1	在与所在网络的合作伙伴合作过程中的工作任务不都是完全说明的，而是由一些"游戏规则"决定的	Nooteboom 等；Lavie、Haunschild 等；Garcia - Morales 等；徐建平；孙永磊
	GS2	对合作中的"游戏规则"的理解和掌握是在与合作伙伴的交往与合作中逐渐深刻起来的	
	GS3	我们与所在网络的合作伙伴之间存在很多被大家都接受的隐性且固定的合作规范	
	GS4	网络发展过程中逐步形成的创新氛围对合作创新过程具有很强的约束力	
	GS5	我们与合作伙伴之间会定期沟通，能够认同和理解合作伙伴的创新方式选择	
	GS6	合作过程中遇到的一般状况的处理都是基于我们与合作伙伴达成的共识	

3. 中介变量

关系机制的测量主要分为共同信任、关系承诺和关系嵌入三个维度，因此，测量量表将从三个维度进行设计。

（1）共同信任的度量。共同信任初始测度量量表的设计主要参考 Zaheer 等、Inkpen 和 Currall 等、Lavie 和 Haunschild 等以及常红锦等，党兴华对信任的测量量表，结合技术创新网络以及本书的理论分析，设置共同信任的测度量表，该量表由 6 个题项组成，如表 4 - 6 所示。

表4-6　共同信任测度量表

变量	编号	测量题项	参考文献
共同信任	XR1	本企业的伙伴企业非常守信	Zaheer 等，Inkpen & Currall 等；Lavie、Haunschild 等；常红锦等
	XR2	本企业对伙伴企业的能力有信心	
	XR3	合作方不利用机会主义获利	
	XR4	即使不检查，合作伙伴也能按其所允诺的完成其在合作中的任务	
	XR5	本企业与伙伴企业能够相互提供和分享完整、真实的信息	
	XR6	本企业与伙伴企业之间能够保持良好的沟通	

（2）关系承诺的度量。关系承诺是在合作过程中合作伙伴愿意尽最大努力去维持双方的关系、对网络发展与运行承担责任和义务的度量。潘文安、张红（2006）认为从交易角度来看，关系承诺主要包括经济性承诺、情感性承诺和时间性承诺。经济性承诺是伙伴之间为了自身的利益而愿意尽最大努力去维持双方的价值关系；情感性承诺是成员间为了共同的价值观和情感归属而维持相互关系所作的努力；持续性承诺是指伙伴成员追求长期共同目标和利益、减少机会主义所作的努力（潘文安、张红，2006）。本书初始测度量量表的设计主要参考 McEvily 和 Marcus、Sarkar 等、Lavie 和 Haunschild 等以及常红锦等对关系承诺的测量量表，结合技术创新网络以及本书的理论分析，设置关系承诺的测度量表，该量表由 5 个题项组成，如表4-7所示。

表4-7　关系承诺测度量表

变量	编号	测量题项	参考文献
关系承诺	CN1	本企业的伙伴愿意投入实现共同目标所需的资源、技术	McEvily & Marcus，Sarkar 等；Lavie、Haunschild 等；常红锦等
	CN2	本企业的伙伴会认真履行其在合作中的责任和义务	
	CN3	本企业的伙伴有较强的联盟合作意愿	
	CN4	本企业与伙伴企业有很好的冲突解决机制	
	CN5	本企业与伙伴企业都清楚地了解合作目的和意图	

（3）关系嵌入的度量。以往学者对关系嵌入的度量主要考虑两个因素：关系所交换的资源数量和组织间接触的频率（Granovetter，1973；Uzzi，1999；Uzzi & Gillespie，2002；Gulati & Syteh，2007；

Andersson，Forsgren & Holm，2002）。因此，本书主要参考以上学者的思想以及本人等对关系嵌入的测量量表，结合技术创新网络以及本文的理论分析，从接触频率和交换资源数量设置关系嵌入的测度量表，该量表由 5 个题项组成，如表 4 - 8 所示。

表 4 - 8　关系嵌入测度量表

变量	编号	测量题项	参考文献
关系嵌入	QR1	我们与对方经常在一起共同探讨、解决问题	Granovetter；Uzzi，1999；Gulati & Syteh；Andersson、Forsgren 和 Holm；常红锦等
	QR2	合作企业能与本企业共同协作克服困难	
	QR3	我们与对方的合作关系持续时间一般很长	
	QR4	合作交流中用到的技术知识，是与对方共同拥有的技术知识	
	QR5	合作企业能与本企业分享其未来的发展计划	

4. 控制变量

控制变量是指没有进入模型，但对模型中一些变量，具有潜在影响的因素。网络治理目标的实现除了受到网络惯例以及企业间关系机制的影响外，还有可能受到诸如企业年龄、企业规模、所有制形式等因素的影响。因此，为了减少这些因素对研究结果的影响，突出本书所选用自变量对网络治理目标的影响效应，在本书中将这些变量作为控制变量。

（1）企业规模。通常情况下，企业的行为和决策制定往往会受到企业规模的影响（Nadler，1999）。企业规模越大，与其连接的其他组织也会越多，规模较大的企业有更多的资源投入（Tsai，2001）企业的声誉优势和规模效应就越明显。企业与合作伙伴企业之间的关系机制以及网络治理目标的实现会越复杂。本书通过对企业员工人数的测量来控制。

（2）企业年龄。企业年龄会影响到企业的合作历史，建立时间越久的企业，相对来说越有经验优势，合作伙伴也越多。因此，引入企业年龄作为控制变量之一。

（3）所有制形式。企业的所有制性质反映了企业内部体制的灵活程度以及企业外部体制环境的宽松程度，不同所有制性质的企业，其企业网络的特征可能存在着区别。因此，企业与合作伙伴之间关系机制与网络治理目标也会受到影响。表4-9给出了上述各变量的描述与定义。

表4-9 控制变量的定义与描述

	变量	定义
控制变量	企业性质虚拟变量	中外合资企业取值为1；外资企业取值为2；本土企业取值为3
	企业规模虚拟变量	100人以下取值为1；100~499人取值为2；500~1000人取值为3；1000人以上取值为4
	企业年龄虚拟变量	五年以内取值为1；6~10年取值为2；11~15年取值为3；15年以上取值为4

二、样本选择与数据收集

（一）样本选择

本书是技术创新网络惯例形成及在网络治理中的作用机理研究（71372171）的重要组成部分，所以在样本选择与数据收集上也是依托基金展开的。本节着重对本书应用的样本及数据做一说明。

党兴华等学者认为，技术创新网络是由多个企业及相关组织组成的，以产品或工艺创新及其产业化为目标，以知识共享为基础，以现代通信技术为支撑、松散耦合的动态开放新型技术创新合作组织（党兴华和张首魁，2005；党兴华等，2013）。国外技术创新网络的研究一般认为生物制药、电子信息产业、高端制造业、精密仪器制造等行业技术更新较快，同时企业技术创新能力和资源经常难以满足技术和市场的快速变化。因此，这些行业的企业一般倾向于加入技术创新网络

（Powell，1996；Ahuja，2000）。另外，这些行业技术门槛往往较高，单个企业由于能力和资源的限制，加之时间紧迫、创新成本及创新风险均较高，企业必将更倾向于通过网络化合作来促使其创新更加有效。本书的实证调研也是基于这几个行业展开。

本书利用专利数据库，收集了 1997～2011 年国内电子信息、生物制药及高端制造业的专利数据，然后通过专利连接及滚雪球方式寻找企业间在产品研发方面的合作关系。根据本书的需要，我们选择至少由 2 家合作成员数的技术创新网络，由此形成了 824 个技术创新网络。本书选择这 824 个技术创新网络作为下文数据分析的对象。本书从每一个所选的技术创新网络中随机抽取一名成员，考虑到网络的交叉性，若该成员与已抽出的其他网络成员是同一家，则重新选择一家网络成员。最后，这些技术创新网络中的 824 个网络成员被调查。调研人员与这些网络成员中的高层管理者进行了电话交谈，并且给他们发送了电子调查问卷。

（二）问卷发放

本次调研分两次进行问卷发放与回收。第一次发放的目的是针对各个变量的测量量表进行质量检验，即确保问卷更加符合当前企业的实际情况，并在大规模调查之前问卷在调查方法和文字表述等方面不存在问题。

本书通过对 5 家试点企业进行调研，调研从 2011 年 10 月开始。调研过程主要分两步骤：第一步，本文笔者通过电话与所选企业的高层管理者联络，确认可以接受调查后，采取直接走访的方式进行调查。先将问卷发放给 5 个企业主管和相关负责人，并在笔者的讲解下，被访者亲自填写问卷的各项内容，并要求他们对问卷中存在的问题和漏洞进行开诚布公的说明并指出其中的错误或表述不当之处，然后对问卷进行修改，在最终的问卷中尽量避免出现过于专业的名词和术语，无法避免的在问卷首页对部分重点专业名词进行了解释说明。第二步，把经过修改的问卷，发给另外的 5 个主管，确定是否还存在一些模糊和定义不清的问题，结果并未发现问题。最后，对预调研问卷主要指标均值和正式问卷的相关指标均进行 T 检验，未发现显著性差异（P > 0.10），同时预调研问卷各项指标与正式问卷各项指标高度相关，说明被访者提供了有效的回答。

第二次是在第一次数据收集后对量表进行修改的基础上发放，目的是对整体量表进行检验并对本书的概念模型及假设进行实证检验。调查问卷发放与回收的质量将直接影响到获取的研究数据的有效性和可靠性，进而决定了研究结果是否具备科学性。

调研活动从 2012 年 3 月开始，持续至 2013 年 11 月。问卷发放对象主要是前述样本选择中的相应样本企业。我们一方面委托前述选择样本的相关部门，请他们帮忙发放与回收问卷。另一方面，我们在之前的国家自然科学基金项目的研究中积累的协作关系，采用前述滚雪球的方式，要求被调研企业填写主要的合作创新伙伴。对于外地陌生企业，通过其在陕西省及西安市合作伙伴企业进行问卷发放，不能通过合作伙伴企业的，通过陕西省科技厅、西安市科技局、西安高新技术开发区管委会、阎良国家航空产业基地管理部门协助联系对方地区管理部门协助问卷发放。

问卷的发放方式主要有两种：第一种方式是委托前述选择样本的相关部门，请他们帮忙发放与回收问卷。第二种方式是通过我们在之前的项目的研究中积累的协作关系，借助 Internet 网络，通过电子邮件的形式向企业发放电子版问卷，所有问卷由课题组专人收集。问卷的填答者主要为各企业或组织的高层技术管理人员。为防止对问卷的理解有偏差，保证问卷的回收率，调查问卷的发放和回收主要采用先通过电话与所选企业的高层管理者联络，确认可以接受调查后进行调查。

在调研中，强调了本课题的重要性及实用性，保证他们的回答会以匿名处理。发放纸质问卷 338 份，确定有效问卷 236 份，有效回收率为 69.82%。通过 E - mail 的方式回收问卷涉及样本企业 486 家，有效样本 281 家，有效率 57.82%；在回收的问卷中，对于只有个别缺失值的问卷，我们采用电话联系的方式进行回访，对问卷进行完善。对于部分缺失值太多或明显虚假信息的问卷则予以剔除，最后将问卷的调查结果建立数据库，以检验本书的各种理论假设，数据库的建立经过多次数据输入和核对，确保了其准确性，并按预先设定的标准度测度各问卷的有效性，剔除无效问卷，使数据库能够有效地为相关的实证研究服务。回收总有效问卷涉及样本企业 517 家，占抽取样本的共计 62.74%。

问卷调查研究中，通常强调问卷的代表性，为此我们尽可能选取能够反映合作技术创新的行业进行调研。同时，我们调查的对象主体是各企业或组织的高层技术管理人员，包括少量对企业技术状况和行业技术状况比较熟悉的骨干技术人员。本书第二次调查问卷发放回收情况如表 4–10 所示。

表 4–10　本书调查问卷发放回收情况

问卷发放方式	问卷发放数量（份）	有效问卷数量（份）	问卷有效率（%）
委托发放	338	236	69.82
电子邮件	486	281	57.82
合计	824	517	62.74

三、样本描述

通过发放的调查问卷，本书共收集了有效调查问卷 517 份。虽然本书在调查问卷的设计、发放和回收阶段都做了充分的准备和考虑，但是问卷调查研究通常强调问卷的代表性，因此我们尽可能选取能够反映合作技术创新的行业进行调研。我们调查的对象主体是各企业或组织的高层技术管理人员，包括少量对企业技术状况和行业技术状况比较熟悉的骨干技术人员。初步保证了获取问卷数据的有效性。但是，在对这些问卷原始数据进行处理分析之前，仍有必要对样本数据的总体特征和分布进行定量的描述分析，在对样本整体把握的基础上保证样本数据的代表性。

（一）样本企业的行业分布

本书所收集的 517 份问卷中，在行业分布方面，回收样本主要集中在电子信息，共 177 家，占总样本数的 34.236%，其次是精密仪器制造和汽车制造，分别为 149 家和 113 家，分别占总样本量的 28.820% 与 21.857%。如表 4 – 11 所示。

表 4 – 11　技术创新网络结点企业有效样本行业分布

行业	个数	所占百分比（%）
生物制药	78	15.087
电子信息	177	34.236
汽车制造	113	21.857
精密仪器制造	149	28.820
合计	517	100.00

（二）样本企业的成立年限

在公司成立历史方面，回收问卷以 5～10 年的企业占大多数，为 189 家，占有效问卷的 36.557%，其次是 2～5 年的企业和 10～15 年以上的企业，分别为 146 家和 95 家，占有效问卷的 28.240% 和 18.375%。分布情况如表 4 – 12 所示。

表 4 – 12　技术创新网络结点企业成立年限

行业	个数	所占百分比（%）
2 年以下	39	7.544
2～5 年	146	28.240
5～10 年	189	36.557
10～15 年	95	18.375
15 年以上	48	9.284
合计	517	100.00

（三）样本企业的性质类型分布

在企业性质方面，在 517 份有效问卷中，以本土企业占大多数，为 243 家，占回收样本的 47.002%，其次为中外合资企业，为 197 家，占有效问卷的 38.104%，如表 4-13 所示。

表 4-13　被调查企业性质类型分布及所占比例

序号	企业所有制性质	有效问卷数量	所占比例（%）
1	中外合资	197	38.104
2	外资企业	77	14.894
3	本土企业	243	47.002
合计		517	100.00

（四）问卷填答者分布

从受访者来看，中高层领导占大多数，为 70.600%，其中高层管理者为 78 人，占 15.087%，中层管理者为 287 人，占 55.513%，这在很大程度上保证了本书问卷的真实性和可靠性。问卷填答者分布情况如表 4-14 所示。

表 4-14　问卷填答者分布情况

职务类型	个数	所占百分比（%）
高层管理者	78	15.087
中层管理者	287	55.513
一般技术人员	152	29.400
合计	517	100.00

第五章　数据与量表的质量检验

本书共涉及对 8 个构念的测量，它们分别是行为默契程度、规范接受程度、共同信任、关系承诺、关系嵌入、知识共享、创新独占和网络稳定。本章首先对调研数据进行了共同方法变异，非回应误差等质量检验，其次对 8 个构念的维度和质量进行信度和效度分析，为后面的实证分析做准备。

一、数据质量分析

共同方法变异（Common Method Variance，CMV）是因为同一数据来源或评分者一致、同样的测量环境、项目语境或项目本身特征所造成的预测变量与因变量之间的人为共变（Lee & Podsakoffetal.，2003；熊伟和奉小斌，2012），此预测变量与因变量之间的人为共变会误导研究结果及结论（Maekenzi，2003）。针对共同方法变异问题，遵循周浩和龙立荣（2004）等的建议，本书采用事先控制和事后检验的方式。

（1）事先控制。首先，在问卷设置方面，采纳 Podsakoff 和 Organ 的建议，用多个题项来测量每个变量，避免由单一题项可能造成的共同方法偏差。其次，问卷填写者的回答主要建立在主观评价之上，可能会影响测量的客观性和准确性。针对 Fowler（2002）所指出的造成问卷填写者回答偏差的四大主要原因，本书采取相应的控制措施，从而提高数据的质量。为降低因问卷填写者不熟悉题项相关信息产生的负面影响，本书选择样本企业高层主管或资深研发人员作为问卷填写人；为降低因问卷填写者记忆偏差产生的负面影响，问卷中所设置的题项均询问企业近两年内的情况，从而降低因问卷填写者记忆偏差所产生的负面影响；为降低因问卷填写者不理解题项意义产生的负面影响，在问卷设计过程中广泛咨询企业界管理者及员工和学术界专家的意见，对问卷表述等方面做了反复修改，尽量排除因题项难以理解或表述不清而造成的负面影响。为降低因问卷填写者知道问题的情况却不愿如实回答产生的负面影响，在问卷开头向问卷填写者说明情况，向被调查者承诺样本数据仅用以学术研究，对其个人信息进行保密，以减少填答者的顾虑，保证数据的有效性和真实性（陶懿，2011）。

（2）事后检验。本书对调研方式进行偏差分析，即要保证不同调研方法所得来的数据样本，其分布大体一致，不会出现明显的差异。对于调查方法，本书主要参考王庆喜（2004）的做法，结合本书调研的实际情况，主要采用以下方法避免数据偏差。

电子邮件方式与走访方式之间的差异。对于以电子邮件方式与走访方式获得的问卷，用独立样本 t 检验的方法对两类问卷对应问项的均值和方差进行对比检验。检验结果表明，除了极少数的问项存在显著性差异外，其他绝大多数的问项均没有显著性差异。由此可以推断，这两种调查方式所获取的问卷不存在显著性差异。

非回应误差。非回应误差的测量通过将应答者分为两组：早期应答组与后期应答组来进行。前人研究表明，后回问卷可以用来作为无回音问卷的代替，因此，这种对比有一定的合理性（王庆喜，2004）。本书采用季晓芬（2008）的方法，先回问卷和后回问卷以 15 天为限来进行区分。即从问卷寄出到收到（以邮戳日期为准）的期限在 15 天以内的为先回问卷，超过 15 天的为后回问卷。本书共确定有效的邮寄问卷为 202 份，其中先回问卷为 98 份，后回问卷为 104 份，对这两类问卷对应项目的均值和方差的独立样本 t 检验发现，除了少数问项存在显著性差异外，大多数在变量的平均值上没有显著的差异。因此可以认为本书的非回应误差不显著。

进行了 Harmon 单因子检验。在问卷回收之后，本书进一步采用 Harman 单因子检验法判断量表调查过程中共同方法变异的程度。具体操作过程是：将量表的所有变量纳入进行因子分析，倘若在未旋转的因子分析结果中，仅析出一个公因子或某个因子解释力特别大，那么可以判定存在较为严重的共同方法变异问题（Podsakoff & Organ，1986；奉小斌，2012）。在本书中，对问卷中所有测量变量的问项进行因子分析，结果共解释了 71.033% 的总变异，本书将问卷的所有测量题项放在一起做因子分析，结果没有析出单独一个因子，也没有一个因子能解释大部分的变量变异。最大因子的解释力仅为 11.431%。因此，表明共同方法变异的影响在本书中并不显著。

二、变量的信度与效度分析

在评定实证性社会研究的质量时，常常都要对研究的信度和效度进行检验，只有达到信度和效度标准要求的实证研究，才表明其结果具有可信度和代表性。本部分将通过选取和应用相应的统计方法，根据通过调查问卷方式获取的原始数据，对研究模型中的各相关变量进行效度和信度的检验，通过信度和效度检验，验证这些数据是否符合对其进行进一步分析的标准。本书采用三个步骤检验变量测量的信度和效度：首先，使用探索性因子分析检验题项是否与预设的因子结构相吻合，这是信度和效度分析的前提；其次，用 Cronbach's α 系数检验量表的内部一致性；最后，综合运用 AVE、AVE 与协方差比较法、组合信度测量聚合效度与区分效度。本书从全样本中随机抽取 100 个样本进行探索性因子分析和信度分析，其他分析均使用全样本。

（一）探索性因子分析

本书包括合作创新行为默契、创新网络规范共识、共同信任、关系承诺、关系嵌入、知识共享、创新独占和网络稳定 8 个变量，由于部分构念的测量无法直接使用现有的成熟量表，因此在信度与效度之前需做探索性因子分析，探索性因子分析主要是检验最终问卷的测量题项是否与预设的因子结构吻合。本书从全样本中随机抽取 100 个样本，对这 8 个变量的题项做探索性因子分析。采用主成分分析法，并经过方差最大化正交旋转（varimax）转轴法、特征根大于 1 的方式提取因子。在探索性因子分析中，各题项因子载荷的最低可接受值为 0.5（马庆国，2002），而且同一测项在不同因子上的负荷之差应尽量大于 0.3。为了检验样本是否适合做因子分析，本书采用 KMO 取样适当性和 Barlett 球形检验。Kaiser 认为，KMO 值越接近于 1，意味着变量之间的相关性越强，原始变量越适合做因子分析。常用的 KMO 值判断标准，如表 5 - 1 所示。

表 5 - 1　KMO 判断标准

KMO	因子分析适合性
0.9 以上	极适合做因子分析
0.8 ~ 0.9	适合做因子分析
0.7 ~ 0.8	尚可做因子分析
0.6 ~ 0.7	勉强做因子分析
0.5 ~ 0.6	不适合做因子分析
0.5 以下	非常不适合做因子分析

　　关于 Bartlett 球形检验，若近似卡方值比较大，而且检验显著性概率又小于 0.05 时，即认为适合做因子分析（薛薇，2004）。本书探索性因子分析的 KMO 和 Bartlett 球形检验结果如表 5 - 2 所示：

表 5 - 2　探索性因子分析的 KMO 和 Bartlett 球形检验

KMO	0.780
Bartlett 检验卡方值	3866.750
df	903
Sig.	0.000
Cumulative% of Variance	75.812

　　参考表 5 - 1 的判断标准，当 KMO 值大于 0.70 时，EFA 效果尚可，Bartlett's 球形检验达到显著水平即可进行因子分析。我们对 100

个 EFA 分析样本的探索性因子分析所得到的 KMO 值为 0.780，Bart-lett's 球形检验的卡方值为 3866.750（df = 903），显著性概率为 0.000，这表明样本适宜做进一步的因子分析。

采用预设 8 个因子提取因子，利用主成分计算方法，并采用 Vari-max 旋转，得到不同项目的因子载荷系数，通过将因子与变量进行一一对应，得到如表 5 – 3 所示的探索性因子分析结果。由表 5 – 3 可知，8 个变量的累积解释方差变异为 75.812%，各因子的特征值都大于 1。经过 Varimax 旋转后，发现同属一个变量的测量项目，其最大因子负荷具有聚积性，亦即同一变量的测量项目在对应的因子上相对于其他因子而言，具有最大载荷（超过 0.5），这说明了目前的测量量表具有一定的区分效度。

表 5 – 3　探索性因子分析结果

变量	题项	因子载荷								Cronbach's α
		1	2	3	4	5	6	7	8	
合作创新行为默契	XW4	0.934	0.077	0.023	0.058	− 0.121	0.136	0.146	0.012	0.967
	XW3	0.934	0.075	0.027	0.061	− 0.135	0.140	0.116	− 0.009	
	XW2	0.920	0.060	0.094	0.013	− 0.149	0.080	0.196	0.078	
	XW1	0.871	0.027	0.128	0.081	− 0.141	0.002	0.189	0.114	
创新网络规范共识	GS2	0.139	0.911	0.042	0.121	0.049	0.136	− 0.018	− 0.037	0.965
	GS5	− 0.034	0.906	0.045	0.097	0.106	0.019	0.121	0.037	
	GS6	0.034	0.904	0.004	0.072	0.075	0.111	0.048	0.018	
	GS1	0.016	0.897	0.031	0.175	0.170	0.198	0.081	0.090	
	GS3	− 0.017	0.888	− 0.022	0.139	0.054	0.111	0.082	0.099	
	GS4	0.098	0.872	0.113	0.121	0.128	0.142	− 0.027	0.044	
共同信任	XR4	− 0.016	0.074	0.823	− 0.021	− 0.057	0.006	− 0.007	0.253	0.629
	XR6	− 0.041	0.018	0.791	0.060	0.039	0.030	0.076	0.324	
	XR5	0.129	0.072	0.735	0.063	− 0.026	0.041	0.103	0.289	
	XR3	0.074	− 0.012	0.723	0.076	0.046	0.067	0.185	0.223	
	XR1	− 0.013	0.081	0.695	0.016	− 0.142	0.072	0.309	0.210	
	XR2	0.236	− 0.013	0.569	0.293	− 0.070	0.047	0.248	0.162	
	XR7	0.094	0.164	0.142	− 0.021	− 0.080	0.222	0.051	− 0.456	

续表

变量	题项	因子载荷								Cronbach's α
		1	2	3	4	5	6	7	8	
关系承诺	CN4	0.062	0.167	0.140	0.851	0.017	−0.068	0.125	0.127	0.965
	CN5	−0.082	0.070	0.035	0.830	0.079	0.015	0.183	0.192	
	CN1	0.100	0.165	0.057	0.829	−0.023	0.013	0.263	0.147	
	CN2	0.091	0.154	0.072	0.818	0.085	0.004	0.254	0.168	
	CN3	0.079	0.187	0.096	0.734	0.076	0.242	0.316	−0.014	
关系嵌入	QR2	−0.144	0.110	−0.077	0.039	0.852	−0.042	−0.174	0.048	0.906
	QR4	−0.047	0.096	−0.058	0.044	0.845	−0.132	0.015	0.006	
	QR5	−0.166	0.119	0.000	0.124	0.839	−0.045	−0.073	−0.063	
	QR1	−0.192	0.068	−0.106	0.010	0.810	−0.015	−0.126	0.009	
	QR3	0.022	0.117	0.096	−0.041	0.806	−0.083	−0.036	−0.049	
网络稳定	WD5	0.088	0.155	0.125	0.040	−0.075	0.834	0.084	−0.051	0.872
	WD3	0.066	0.151	0.011	0.092	−0.054	0.807	0.054	0.086	
	WD1	0.013	0.129	−0.041	−0.031	−0.062	0.779	0.143	0.065	
	WD4	0.123	0.068	0.080	−0.035	−0.001	0.771	0.204	0.071	
	WD2	0.043	0.076	0.041	0.061	−0.109	0.730	0.068	−0.160	
创新独占	DZ8	0.106	0.259	0.162	−0.216	−0.261	−0.191	−0.037	0.349	0.773
	DZ3	0.035	−0.069	0.040	0.233	0.021	0.132	0.815	0.027	
	DZ7	0.151	0.066	0.101	0.182	−0.031	0.081	0.797	0.094	
	DZ4	0.172	0.151	0.141	0.215	−0.109	0.179	0.736	−0.159	
	DZ2	0.175	0.065	0.023	0.250	−0.065	0.067	0.718	0.022	
	DZ5	0.125	0.023	0.244	0.054	−0.161	0.175	0.675	−0.026	
	DZ6	0.139	0.033	0.258	0.256	−0.179	0.103	0.647	−0.091	
	DZ9	−0.224	0.244	0.001	−0.245	−0.111	−0.181	0.275	0.120	
	DZ1	−0.184	0.179	0.121	−0.197	0.077	0.022	0.232	0.097	
知识共享	GX6	0.090	0.043	0.347	0.131	−0.029	0.079	−0.095	0.795	0.914
	GX5	0.030	0.161	0.334	0.115	0.066	0.094	−0.085	0.778	
	GX1	0.175	0.000	0.332	0.128	−0.078	0.074	−0.094	0.773	
	GX2	−0.038	0.091	0.207	0.117	−0.038	−0.011	0.078	0.763	
	GX4	0.067	−0.016	0.258	0.097	−0.052	−0.068	0.087	0.761	
	GX3	−0.022	0.118	0.203	0.082	0.020	0.068	0.103	0.707	

同时，由表5-3的探索性因子分析结果还可看出共同信任条款（XR1-XR7）中的XR7在每个因子上的因子负载都小于0.5，因此删除题项XR。同理创新独占条款（DZ1-ZZ9）中，DZ1、DZ8、DZ9在各个因子上的因子负载均小于0.5，因此删除题项DZ1、DZ8和DZ9。

对共同信任和创新独占两个因子重新计算信度，结果分别为0.883和0.892，比测量条款删除前的信度0.629和0.773都有所提高。删除后各因子载荷及Cronbach's α值如表5-4所示。删除量表的这4个题项后，全样本中，参与计算的共包含八个变量，43个题项。

合作创新行为默契、创新网络规范共识、共同信任、关系承诺、关系嵌入、网络稳定、创新独点和知识共享的量表的Cronbach's α系数分别为0.967、0.965、0.883、0.965、0.906、0.872、0.892和0.914，均大于0.8，根据本书前面的观点，量表具有很好的内部一致性。因此，本书所采用的各个量表都具有良好的内部一致性。

表5-4　因子载荷与Cronbach's α值

题项	因子载荷	Cronbach's α	题项	因子载荷	Cronbach's α
XW1	0.872		QR1	0.800	
XW2	0.922	0.967	QR2	0.838	0.906
XW3	0.925		QR3	0.806	
XW4	0.930		QR4	0.853	
GS1	0.896		QR5	0.841	
GS2	0.919		WD1	0.781	
GS3	0.890	0.965	WD2	0.736	
GS4	0.879		WD3	0.819	0.872
GS5	0.910		WD4	0.764	
GS6	0.908		WD5	0.838	
XR1	0.659		DZ2	0.754	
XR2	0.548		DZ3	0.798	
XR3	0.707	0.883	DZ4	0.785	
XR4	0.807		DZ5	0.681	0.892
XR5	0.726		DZ6	0.730	
XR6	0.775		DZ7	0.787	

题项	因子载荷	Cronbach's α	题项	因子载荷	Cronbach's α
CN1	0.832		GX1	0.769	
CN2	0.820		GX2	0.826	
CN3	0.717	0.965	GX3	0.728	0.914
CN4	0.841		GX4	0.784	
CN5	0.844		GX5	0.788	
			GX6	0.761	

（二）信度与效度

在层次回归分析之前，需要检验变量测量的信度（reliability）与效度（validity）。在分析之前有必要对问卷中各变量测量条款的均值、标准差、偏态和峰度等进行描述一般认为，当偏度绝对值小于 3，峰度绝对值小于 10 时，表明样本基本上服从正态分布（杨静，2006）。各测量条款的值基本服从正态分布，可以进行下一步分析。因此，本书首先列出了各变量题项的描述性统计量，其次对各变量进行信效度检验。

1. 合作创新行为默契分析

合作创新行为默契量表共包括 4 条测项（XW1 – XW4）。各测项的描述性统计结果如表 5 – 5 所示。从表 5 – 5 可以看出，各题项的均值适中。各题项最小值为 1，最大值均为 5。4 个题项的标准差介于 1.020 至 1.134，均大于 0.75，这说明 4 个题项具有较好的鉴别度。且四个题项的偏度绝对值均小于 2，而峰度绝对值均小于 5。未出现偏态明显的题项，因此可以进行下一步分析。

表 5 – 5　合作创新行为默契变量的描述性统计

题项	Min	Max	均值	标准差	偏度		峰度	
XW1	1.00	5.00	2.40	1.020	0.862	0.143	0.407	0.285
XW2	1.00	5.00	2.62	1.134	0.461	0.143	− 0.699	0.285

续表

题项	Min	Max	均值	标准差	偏度		峰度	
XW3	1.00	5.00	2.54	1.022	0.846	0.143	0.119	0.285
XW4	1.00	5.00	2.60	1.029	0.748	0.143	−0.200	0.285

（1）信度分析。本书采用 Cronbach's a 内部一致性系数和组合信度（Composite Rreliability，CR）等指标来评价研究量表的信度。

Cronbach's a 系数是最常用的内部一致性系数。Cronbach's a 系数介于 0~1，值越大表示信度越高。通常，Cronbach's a 的评判标准如表5-6所示（吴明隆，2003）。

表5-6　Cronbach's a 的评判标准

Cronbach's a	信度评价
0.8 以上	非常好
0.7~0.8	比较好
0.6~0.7	尚可接受
0.5~0.6	不好
0.5 以下	需要重新修改

量表的组合信度可以利用验证性因子分析的结果进行计算，组合信度 CR 可以用公式（5-1）来衡量（Foniell & Larcker，1981），式中以 λ_{yi} 为各测项标准化因子负荷值，ε_i 为各测项的误差。组合信度的值一般要求大于 0.7，处于 0.6~0.7 也可接受。

$$CR = \frac{(\sum_{i=1}^{n} L_i)^2}{(\sum_{i=1}^{n} L_i)^2 + (\sum_{i=1}^{n} e_i)} \tag{5-1}$$

其中，L_i 表示量表中各个题项的标准化因子载荷，e_i 表示观察变量的误差的方差，$e_i = 1 - L_i^2$。

本书采用 AMOS 18.0 进行分析对相关数据进行分析计算，可以直接得出标准化因子负荷如表5-7所示。AVE 值无法通过 AMOS 18.0

或 SPSS 16.0 直接计算，需要通过各个题项的标准化因子载荷进行计算。AVE 的计算公示如公式（5-2）进行计算。

利用公式（5-1）、公式（5-2），计算变量的 CR 和 AVE。表5-7 列出了各测量题项的组合信度和平均方差（AVE）析出量。由表5-7 可以看出，组合信度（CR）为 0.915，大于 0.7。同时从表 5-4可以看出，合作创新行为默契量表的 Cronbach's α 系数为 0.967 大于0.8，因此合作创新行为默契量表具有良好的组合信度和内部一致性。

$$AVE = \frac{\sum\limits_{i=1}^{n} L_i^2}{n} \qquad (5-2)$$

其中，L_i 表示量表中各个题项的标准化因子载荷。也就是说，AVE 是各个题项因子载荷的平方的平均值。

（2）效度分析。首先进行内容效度分析。内容效度（content validity），也被称为表面效度（face validity）或逻辑效度（logical validity），是指一个测验本身所能包含的概念意义范围或程度，测验的内容是否针对欲测的目的，而且具有代表性与适当性。由前面量表设计过程可知，本书所采用的量表主要借鉴现有的较为成熟的量表编制而成，原先的量表都经过了经验研究的检验，已为众多相关领域专家学者所认可。此外，笔者在原始量表的基础上，通过专家访谈和企业员工访谈等方式增添了一些条款。因此，我们可以认为，本书所采用的量表具有较好的内容效度。

其次，是聚合效度分析。聚合效度是用来衡量量表中的各个题项之间是否具有显著的相关性，如果各题项之间的相关性很低，说明量表并不是测量同一个变量（Hair et al.，2005）。Hair 等（2005）指出，可以通过 3 个指标来判断一个量表的聚合效度，分别是标准化因子载荷、AVE 和 CR。一个具有较好聚合效度的量表应该同时满足三个条件：各个题项的标准化因子载荷大于 0.5，AVE 大于 0.5，CR 大于 0.7。

从表 5-7 可以看出，各测是题项在其所属因子上的标准化因子负荷解都大于 0.5、组合信度（CR）为 0.915，大于 0.7，平均方差（AVE）析出量为 0.730，大于 0.5。因此，标准化因子负荷、组合信度和 AVE 的值均达到聚合效度所介绍的标准，因此量表具有很好的聚合效度。对四个题项做探索性因子分析，仅得到 1 个特征值大于 1 的因子，该因子解释了 91.601% 的总变异，说明测量结构的一维性很好，也说明该 4 条测项都集中于测量合作创新行为默契程度，不存在测量其他构念的情况。

表 5 – 7 验证性因子分析结果及信、效度检验

题项	标准化因子负荷（λ）	组合信度（CR）	平均方差析出量（AVE）
XW1	0.865		
XW2	0.907	0.915	0.730
XW3	0.808		
XW4	0.834		

注：$\alpha = 0.967$，因子分析 KMO 检验为 0.743，Bartlett's 球形检验卡方值 627.903。

最后，进行区分效度分析。区分效度是用来衡量量表是所测量的变量同其他变量之间是否不相互关联，也就是说是用来表明量表是在测量所需测量的变量，而不是测量其他变量。本书将采用比较构念的 AVE（average variances extraeted）与构念之间协方差（covariance）对样本数据进行区分效度检验。当两个构思的 AVE 都高于它们之间的协方差时，这两个构念具有足够的区分效度（Fomell & Larcker，1981）。

由表 5 – 7 对 100 个样本进行探索性因子分析初步得出，量表具有较好的区分效度。下面将通过对全样本数据进行验证性因子分析，再次进行区分效度评估。采用 AMOS 18.0 对数据进行验证性因子分析。从验证性因子分析结果中发现，因子模型的卡方自由度比值 1.432，P < 0.01，GFI 大于 0.8，AGFI 大于 0.8，RMSEA 小于 0.1，CFI 大于 0.8，NFI 大于 0.9，NNFI 大于 0.9，IFI 大于 0.9，从模型拟合指数（见表 5 –8）来看，本书得出的合作创新行为默契的因子模型拟合良好，合作创新行为默契量表具有比较高的质量。

表 5 –8 模型拟合指数

拟合指数数值	χ^2/df	GFI	AGFI	RMSEA	CFI	NFI	NNFI	IFI
	1.432	0.995	0.975	0.039	0.999	0.996	0.997	0.999

2. 创新网络规范共识分析

创新网络规范共识量表共包括 6 个测项（GS1 – GS6）。各测项的描述性统计结果如表 5 – 9 所示。从表 5 – 9 可以看出，6 个题项的均值适中。各题项最小值为 1，最大值均为 5。6 个题项的标准差介于 1.049 ~ 1.194，均大于 0.75，这说明 6 个题项具有较好的鉴别度。且 6 个题项的偏度绝对值均小于 2，而峰度绝对值均小于 5。未出现偏态明显的题项，因此可以进行下一步分析。

表 5 – 9　创新网络规范共识分析的描述性统计

题项	Min	Max	均值	标准差	偏度		峰度	
GS1	1.00	5.00	2.58	1.055	0.398	0.143	– 0.331	0.285
GS2	1.00	5.00	2.50	1.076	0.409	0.143	– 0.452	0.285
GS3	1.00	5.00	2.62	1.122	0.147	0.143	– 0.793	0.285
GS4	1.00	5.00	2.51	1.064	0.446	0.143	– 0.474	0.285
GS5	1.00	5.00	2.65	1.194	0.407	0.143	– 0.646	0.285
GS6	1.00	5.00	2.59	1.049	0.127	0.143	– 0.766	0.285

（1）信度分析。本书采用 AMOS 18.0 进行分析对相关数据进行分析计算，可以直接得出标准化因子负荷如表 5 – 10 所示。AVE 值无法通过 AMOS 18.0 或 SPSS 16.0 直接计算，需要通过各个题项的标准化因子载荷进行计算。

利用公式（5 – 1）、式（5 – 2），计算变量的 CR 和 AVE。表 5 – 10 列出了各测量题项的标准化因子负荷、组合信度和平均方差（AVE）析出量。由表 5 – 10 可以看出，组合信度（CR）为 0.909，大于 0.7，同时从表 5 – 5 可以看出，创新网络规范共识量表的 Cronbach's α 系数分别为 0.965 大于 0.8，因此创新网络规范共识量表具有良好的组合信度和内部一致性。

（2）效度分析。首先，进行内容效度分析。由前面量表设计过程可知，本书中所使用的量表是在现有文献的基础上开发，并经过专家访谈和企业实际调查，修改后定稿，因此问卷具有很好的内容效度。

其次，是聚合效度分析。从表 5 - 10 可以看出，各测是题项在其所属因子上的标准化因子负荷解都大于 0.5、组合信度（CR）为 0.909，大于 0.7，平均方差（AVE）析出量为 0.625，大于 0.5。因此，标准化因子负荷、组合信度和 AVE 的值均达到聚合效度的标准，因此量表具有很好的聚合效度。对六个题项做探索性因子分析，仅得到 1 个特征值大于 1 的因子，该因子解释了 85.333% 的总变异，也说明测量结构的一维性很好，说明该 6 条测项都集中于测量创新网络规范共识，不存在测量其他构念的情况。

表 5 - 10　验证性因子分析结果及信、效度检验

题项	标准化因子负荷（λ）	组合信度（CR）	平均方差析出量（AVE）
GS1	0.839		
GS2	0.864		
GS3	0.723	0.909	0.625
GS4	0.752		
GS5	0.860		
GS6	0.688		

注：α = 0.965，因子分析 KMO 检验为 0.929，Bartlett's 球形检验卡方值 698.262。

最后，进行区分效度分析。由表 5 - 4 对 100 个样本进行探索性因子分析初步得出，量表具有较好的区分效度。下面将通过对全样本数据进行验证性因子分析，再次进行区分效度评估。采用 AMOS 18.0 对数据进行验证性因子分析。从验证性因子分析结果中发现，因子模型的卡方自由度比值 1.219，P < 0.01，GFI 大于 0.8，AGFI 大于 0.8，RMSEA 小于 0.1，CFI 大于 0.8，NFI 大于 0.9，NNFI 大于 0.9，IFI 大于 0.9，从模型拟合指数（见表 5 - 11）来看，本书得出的交互共识的因子模型拟合良好。因此，创新网络规范共识量表具有比较高的质量。

表 5 - 11　模型拟合指数

拟合指数数值	χ^2/df	GFI	AGFI	RMSEA	CFI	NFI	NNFI	IFI
	1.219	0.987	0.971	0.028	0.998	0.990	0.997	0.998

3. 共同信任分析

共同信任量表共包括 6 个测项（XR2 - XR7）。各测项的描述性统计结果如表 5 - 12 所示。从表 5 - 10 可以看出，6 个题项的均值适中。各题项最小值为 1，最大值均为 5。6 个题项的标准差介于 0.757 至 0.922，均大于 0.75，这说明 6 个题项具有较好的鉴别度。且 6 个题项的偏度绝对值均小于 2，而峰度绝对值均小于 5。未出现偏态明显的题项，因此可以进行下一步分析。

表 5 - 12   共同信任分析的描述性统计

题项	Min	Max	均值	标准差	偏度		峰度	
XR1	1.00	5.00	2.57	0.866	0.097	0.143	-0.248	0.285
XR2	1.00	5.00	2.62	0.922	0.129	0.143	-0.599	0.285
XR3	1.00	5.00	2.68	0.757	-0.023	0.143	0.280	0.285
XR4	1.00	5.00	2.50	0.765	0.763	0.143	0.805	0.285
XR5	1.00	5.00	2.50	0.758	0.783	0.143	0.680	0.285
XR6	1.00	5.00	2.56	0.838	0.385	0.143	0.172	0.285

（1）信度分析。本书采用 AMOS 18.0 进行分析对相关数据进行分析计算，可以直接得出标准化因子负荷。利用式（5 -1）、式（5 -2），计算变量的 CR 和 AVE。表 5 - 13 列出了各测量题项的标准化因子负荷、组合信度和平均方差（AVE）析出量。由表 5 - 13 可以看出，组合信度（CR）为 0.877，大于 0.7，同时从表 5 - 4 可以看出，共同信任量表的 Cronbach's α 系数为 0.883 大于 0.8，因此共同信任量表具有良好的组合信度和内部一致性。

（2）效度分析。首先，进行内容效度分析。由前面量表设计过程可知，本书中所使用的量表是在现有文献的基础上开发，并经过专家访谈和企业实际调查，修改后定稿，因此问卷具有很好的内容效度。

其次，是聚合效度分析。从表 5 - 13 可以看出，各测量题项在其所属因子上的标准化因子负荷解都大于 0.5，组合信度（CR）为 0.877，大于 0.7，平均方差（AVE）析出量为 0.545，大于 0.5。因此，标准化因子负荷、组合信度和 AVE 的值均达到聚合效度的标准，因此量表具有很好的聚合效度。对 6 个题项做探索性因子分析，仅得到 1 个特征值大于 1 的因子，该因子解释了总变异，也说明测量结构的一维性很好，说明该 6 条测项都集中于测量共同信任，不存在测量其他构念的情况。

表 5 - 13　验证性因子分析结果及信、效度检验

题项	标准化因子负荷（λ）	组合信度（CR）	平均方差析出量（AVE）
XR1	0.628		
XR2	0.664		
XR3	0.820	0.877	0.545
XR4	0.771		
XR5	0.800		
XR6	0.726		

注：$\alpha = 0.883$，因子分析 KMO 检验为 0.882，Bartlett's 球形检验卡方值 288.393。

最后，进行区分效度分析。由表 5 - 5 对 100 个样本进行探索性因子分析初步得出，量表具有较好的区分效度。下面将通过对全样本数据进行验证性因子分析，再次进行区分效度评估。采用 AMOS 18.0 对数据进行验证性因子分析。从验证性因子分析结果中发现，因子模型的卡方自由度比值 1.64，$P < 0.01$，GFI 大于 0.8，AGFI 大于 0.8，RMSEA 小于 0.1，CFI 大于 0.8，NFI 大于 0.9，NNFI 大于 0.9，IFI 大于 0.9，从模型拟合指数（见表 5 - 14）来看，本书得出的共同信任的因子模型拟合良好。因此，共同信任量表具有比较高的质量。

表 5 - 14　模型拟合指数

拟合指数数值	χ^2/df	GFI	AGFI	RMSEA	CFI	NFI	NNFI	IFI
	1.647	0.983	0.960	0.047	0.993	0.981	0.988	0.993

4. 关系承诺分析

关系承诺量表共包括 5 个测项（CN1 - CN5）。各测项的描述性统

计结果如表 5 - 15 所示。从表 5 - 15 可以看出，5 个题项的均值适中。各题项最小值为 1，最大值均为 5。5 个题项的标准差介于 1.020 至 1.147，均大于 0.75，这说明 5 个题项具有较好的鉴别度。且 6 个题项的偏度绝对值均小于 2，而峰度绝对值均小于 5。未出现偏态明显的题项，因此可以进行下一步分析。

表 5 - 15 关系承诺分析的描述性统计

题项	Min	Max	均值	标准差	偏度		峰度	
CN1	1.00	5.00	2.81	1.220	0.165	0.143	- 0.905	0.285
CN2	1.00	5.00	2.76	1.101	0.262	0.143	- 0.694	0.285
CN3	1.00	5.00	2.74	1.147	0.242	0.143	- 0.698	0.285
CN4	1.00	5.00	2.60	1.020	0.556	0.143	- 0.115	0.285
CN5	1.00	5.00	2.67	1.133	0.375	0.143	- 0.536	0.285

（1）信度分析。本书采用 AMOS 18.0 进行分析对相关数据进行分析计算，可以直接得出标准化因子负荷。利用式（5 - 1）、式（5 - 2），计算变量的 CR 和 AVE。表 5 - 16 列出了各测量题项的标准化因子负荷、组合信度和平均方差（AVE）析出量。由表 5 - 16 可以看出，组合信度（CR）为 0.920，大于 0.7，同时从表 5 - 4 可以看出，关系承诺量表的 Cronbach's α 系数为 0.929 大于 0.8，因此关系承诺量表具有良好的组合信度和内部一致性。

（2）效度分析。首先，进行内容效度分析。由前面量表设计过程可知，本书中所使用的量表是在现有文献的基础上开发，并经过专家访谈和企业实际调查，修改后定稿，因此问卷具有很好的内容效度。

其次，是聚合效度分析。从表 5 - 16 可以看出，各测是题项在其所属因子上的标准化因子负荷解都大于 0.5、组合信度（CR）为 0.920，大于 0.7，平均方差（AVE）析出量为 0.696，大于 0.5。因此，标准化因子负荷、组合信度和 AVE 的值均达到聚合效度的标准，因此量表具有很好的聚合效度。对 5 个题项做探索性因子分析，仅得到 1 个特征值大于 1 的因子，该因子解释了 78.096% 的总变异，说明测量结构的一维性很好，也说明该 5 个测项都集中于测量关系承诺，不存在测量其他构念的情况。

表 5 – 16　验证性因子分析结果及信、效度检验

题项	标准化因子负荷（λ）	组合信度（CR）	平均方差析出量（AVE）
CN1	0.862		
CN2	0.875		
CN3	0.873	0.920	0.696
CN4	0.799		
CN5	0.757		

注：$\alpha = 0.965$，因子分析 KMO 检验为 0.843，Bartlett's 球形检验卡方值 419.399。

　　最后，进行区分效度分析。由表 5 – 4 对 100 个样本进行探索性因子分析初步得出，量表具有较好的区分效度。下面将通过对全样本数据进行验证性因子分析，再次进行区分效度评估。采用 AMOS 18.0 对数据进行验证性因子分析。从验证性因子分析结果中发现，因子模型的卡方自由度比值 2.781，$P < 0.01$，GFI 大于 0.8，AGFI 大于 0.8，RMSEA 小于 0.1，CFI 大于 0.8，NFI 大于 0.9，NNFI 大于 0.9，IFI 大于 0.9，从模型拟合指数（见表 5 – 17）来看，本书得出的关系承诺的因子模型拟合良好。因此，关系承诺量表具有比较高的质量。

表 5 – 17　模型拟合指数

拟合指数数值	χ^2/df	GFI	AGFI	RMSEA	CFI	NFI	NNFI	IFI
	2.781	0.980	0.940	0.078	0.993	0.989	0.986	0.993

5. 关系嵌入分析

　　关系嵌入量表共包括 5 个测项（QR1 – QR5）。各测项的描述性统计结果如表 5 – 18 所示。从表 5 – 18 可以看出，5 个题项的均值适中。各题项最小值为 1，最大值均为 5。5 个题项的标准差介于 1.057 至 1.194，均大于 0.75，这说明六个题项具有较好的鉴别度。且 5 个题项的偏度绝对值均小于 2，而峰度绝对值均小于 5。未出现偏态明显的题

项，因此可以进行下一步分析。

表5-18 关系嵌入分析的描述性统计

题项	Min	Max	均值	标准差	偏度		峰度	
QR1	1.00	5.00	2.64	1.094	0.285	0.143	-0.506	0.285
QR2	1.00	5.00	2.63	1.057	0.293	0.143	-0.462	0.285
QR3	1.00	5.00	2.73	1.098	0.051	0.143	-0.831	0.285
QR4	1.00	5.00	2.68	1.194	0.210	0.143	-0.920	0.285
QR5	1.00	5.00	2.64	1.085	0.218	0.143	-0.663	0.285

（1）信度分析。本书采用 AMOS 18.0 进行分析对相关数据进行分析计算，可以直接得出标准化因子负荷。利用式（5-1）、式（5-2），计算变量的 CR 和 AVE。表5-19列出了各测量题项的标准化因子负荷、组合信度和平均方差（AVE）析出量。由表5-19可以看出，组合信度（CR）为0.841，大于0.7，同时从表5-4可以看出，关系嵌入量表的 Cronbach's α 系数分别为0.906大于0.8，因此关系嵌入量表具有良好的组合信度和内部一致性。

表5-19 验证性因子分析结果及信、效度检验

题项	标准化因子负荷（λ）	组合信度（CR）	平均方差析出量（AVE）
QR1	0.793		
QR2	0.837		
QR3	0.596	0.841	0.519
QR4	0.658		
QR5	0.690		

注：α=0.906，因子分析 KMO 检验为0.835，Bartlett's 球形检验卡方值332.747。

（2）效度分析。首先，进行内容效度分析。由前面量表设计过程可知，本书中所使用的量表是在现有文献的基础上开发，并经过专家访谈和企业实际调查，修改后定稿，因此问卷具有很好的内容效度。

其次，是聚合效度分析。从表5-19可以看出，各测是题项在其所属因子上的标准化因子负荷解都大于0.5、组合信度（CR）为

0.841，大于0.7，平均方差（AVE）析出量为0.519，大于0.5。因此，标准化因子负荷、组合信度和AVE的值均达到第四章聚合效度所介绍的标准，因此量表具有很好的聚合效度。对5个题项做探索性因子分析，仅得到1个特征值大于1的因子，该因子解释了72.972%的总变异，说明测量结构的一维性很好，也说明该5个测项都集中于测量关系嵌入，不存在测量其他构念的情况。

最后，进行区分效度分析。由表5-4对100个样本进行探索性因子分析初步得出，量表具有较好的区分效度。下面将通过对全样本数据进行验证性因子分析，再次进行区分效度评估。采用AMOS 18.0对数据进行验证性因子分析。从验证性因子分析结果中发现，因子模型的卡方自由度比值1.386，P<0.01，GFI大于0.8，AGFI大于0.8，RMSEA小于0.1，CFI大于0.8，NFI大于0.9，NNFI大于0.9，IFI大于0.9，从模型拟合指数（见表5-20）来看，本书得出的交互共识的因子模型拟合良好。因此，关系嵌入量表具有比较高的质量。

表5-20　模型拟合指数

拟合指数数值	χ^2/df	GFI	AGFI	RMSEA	CFI	NFI	NNFI	IFI
	1.386	0.991	0.973	0.036	0.996	0.986	0.992	0.996

6. 网络稳定分析

网络稳定量表共包括5个测项（WD1-WD5）。各测项的描述性统计结果如表5-21所示。从表5-21可以看出，5个题项的均值适中。各题项最小值为1，最大值均为5。5个题项的标准差介于1.041至1.239，均大于0.75，这说明5个题项具有较好的鉴别度。且5个题项的偏度绝对值均小于2，而峰度绝对值均小于5。未出现偏态明显的题项，因此可以进行下一步分析。

（1）信度分析。本书采用AMOS 18.0进行分析对相关数据进行分析计算，可以直接得出标准化因子负荷。利用式（5-1）、式（5-2），计算变量的CR和AVE。表5-22列出了各测量题项的标准化因子负荷、组合信度和平均方差（AVE）析出量。由表5-22可以看出，组合信度（CR）为0.842，大于0.7，同时从表5－5可以看出，网络稳定量表的Cronbach's α系数分别为0.872大于0.8，因此网络稳定量表具有良好的组合信度和内部一致性。

表5－21　网络稳定分析的描述性统计

题项	Min	Max	均值	标准差	偏度		峰度	
CN1	1.00	5.00	2.58	1.112	0.279	0.143	−0.566	0.285
CN2	1.00	5.00	2.55	1.041	0.430	0.143	−0.321	0.285
CN3	1.00	5.00	2.70	1.214	0.295	0.143	−0.865	0.285
CN4	1.00	5.00	2.68	1.239	0.203	0.143	−1.008	0.285
CN5	1.00	5.00	2.74	1.147	0.228	0.143	−0.784	0.285

（2）效度分析。首先，进行内容效度分析。由前面量表设计过程可知，本书中所使用的量表是在现有文献的基础上开发，并经过专家访谈和企业实际调查，修改后定稿，因此问卷具有很好的内容效度。

其次，是聚合效度分析。从表5－22可以看出，各测量题项在其所属因子上的标准化因子负荷解都大于0.5、组合信度（CR）为0.842，大于0.7，平均方差（AVE）析出量为0.521，大于0.5。因此，标准化因子负荷、组合信度和AVE的值均达到第四章聚合效度所介绍的标准，因此量表具有很好的聚合效度。对5个题项做探索性因子分析，仅得到1个特征值大于1的因子，该因子解释了66.327%的总变异，说明测量结构的一维性很好，也说明该5个测项都集中于测量网络稳定，不存在测量其他构念的情况。

表5－22　验证性因子分析结果及信、效度检验

题项	标准化因子负荷（λ）	组合信度（CR）	平均方差析出量（AVE）
CN1	0.780		
CN2	0.839		
CN3	0.537	0.842	0.521
CN4	0.742		
CN5	0.674		

注：α＝0.872，因子分析KMO检验为0.849，Bartlett's球形检验卡方值232.668。

最后，进行区分效度分析。由表 5－4 对 100 个样本进行探索性因子分析初步得出，量表具有较好的区分效度。下面将通过对全样本数据进行验证性因子分析，再次进行区分效度评估。采用 AMOS 18.0 对数据进行验证性因子分析。从验证性因子分析结果中发现，因子模型的卡方自由度比值 1.764，P＜0.01，GFI 大于 0.8，AGFI 大于 0.8，RMSEA 小于 0.1，CFI 大于 0.8，NFI 大于 0.9，NNFI 大于 0.9，IFI 大于 0.9，从模型拟合指数（见表 5－23）来看，本书得出的网络稳定的因子模型拟合良好。因此，网络稳定量表具有比较高的质量。

表 5－23　模型拟合指数

拟合指数数值	χ^2/df	GFI	AGFI	RMSEA	CFI	NFI	NNFI	IFI
	1.764	0.988	0.963	0.051	0.993	0.984	0.986	0.993

7. 创新独占分析

创新独占量表共包括 6 个测项（DZ2－DZ7）。各测项的描述性统计结果如表 5－24 所示，从表 5－24 可以看出，6 个题项的均值适中。各题项最小值为 1，最大值均为 5。6 个题项的标准差介于 1.042 至 1.204，均大于 0.75，这说明 6 个题项具有较好的鉴别度。且 6 个题项的偏度绝对值均小于 2，而峰度绝对值均小于 5。未出现偏态明显的题项，因此可以进行下一步分析。

表 5－24　创新独占分析的描述性统计

题项	Min	Max	均值	标准差	偏度		峰度	
DZ2	1.00	5.00	2.57	1.070	0.332	0.143	－0.399	0.285
DZ3	1.00	5.00	2.55	1.042	0.318	0.143	－0.461	0.285
DZ4	1.00	5.00	2.69	1.121	0.044	0.143	－0.870	0.285
DZ5	1.00	5.00	2.58	1.204	0.448	0.143	－0.723	0.285
DZ6	1.00	5.00	2.55	1.062	0.484	0.143	－0.349	0.285
DZ7	1.00	5.00	2.61	1.076	0.278	0.143	－0.515	0.285

（1）信度分析。本书采用 AMOS 18.0 进行分析对相关数据进行分析计算，可以直接得出标准化因子负荷。利用式（5－1）、式（5－2），计算变量的 CR 和 AVE。表 5－25 列出了各测量题项的标准化因子负荷、组合信度和平均方差（AVE）析出量。由表 5－25 可以看出，组合信度（CR）为 0.909，大于 0.7，同时从表 5－4 可以看出，创新独占量表的 Cronbach's α 系数为 0.892 大于 0.8，因此创新独占量表具有良好的组合信度和内部一致性。

（2）效度分析。首先，进行内容效度分析。由前面量表设计过程可知，本书中所使用的量表是在现有文献的基础上开发，并经过专家访谈和企业实际调查，修改后定稿，因此问卷具有很好的内容效度。

其次，是聚合效度分析。从表 5－25 可以看出，各测量题项在其所属因子上的标准化因子负荷解都大于 0.5、组合信度（CR）为 0.909，大于 0.7，平均方差（AVE）析出量为 0.625，大于 0.5。因此，标准化因子负荷、组合信度和 AVE 的值均达到聚合效度的标准，因此量表具有很好的聚合效度。对 6 个题项做探索性因子分析，仅得到 1 个特征值大于 1 的因子，该因子解释了 65.282% 的总变异，也说明测量结构的一维性很好，说明该 6 个测项都集中于测量创新独占，不存在测量其他构念的情况。

表 5－25 验证性因子分析结果及信、效度检验

题项	标准化因子负荷（λ）	组合信度（CR）	平均方差析出量（AVE）
DZ2	0.839		
DZ3	0.864		
DZ4	0.723	0.909	0.625
DZ5	0.752		
DZ6	0.860		
DZ7	0.688		

注：α = 0.892，因子分析 KMO 检验为 0.883，Bartlett's 球形检验卡方值 311.100。

最后，进行区分效度分析。由表 5－4 对 100 个样本进行探索性因子分析初步得出，量表具有较好的区分效度。下面将通过对全样本数

据进行验证性因子分析，再次进行区分效度评估。采用 AMOS 18.0 对数据进行验证性因子分析。从验证性因子分析结果中发现，因子模型的卡方自由度比值 1.219，P < 0.01，GFI 大于 0.8，AGFI 大于 0.8，RMSEA 小于 0.1，CFI 大于 0.8，NFI 大于 0.9，NNFI 大于 0.9，IFI 大于 0.9，从模型拟合指数（见表 5 - 26）来看，本书得出的创新独占的因子模型拟合良好。因此，创新独占量表具有比较高的质量。

表 5 - 26　模型拟合指数

拟合指数数值	χ^2/df	GFI	AGFI	RMSEA	CFI	NFI	NNFI	IFI
	1.219	0.987	0.971	0.028	0.998	0.990	0.997	0.998

8. 知识共享分析

知识共享表共包括 5 条测项（GX1 - GX6）。各测项的描述性统计结果如表 5 - 27 所示。从表 5 - 27 可以看出，6 个题项的均值适中。各题项最小值为 1，最大值均为 5。6 个题项的标准差介于 1.127 至 1.245，均大于 0.75，这说明 5 个题项具有较好的鉴别度。且 6 个题项的偏度绝对值均小于 2，而峰度绝对值均小于 5。未出现偏态明显的题项，因此可以进行下一步分析。

表 5 - 27　知识共享分析的描述性统计

题项	Min	Max	均值	标准差	偏度		峰度	
GX1	1.00	5.00	2.57	1.153	0.191	0.143	- 0.591	0.285
GX2	1.00	5.00	2.67	1.176	0.225	0.143	- 0.477	0.285
GX3	1.00	5.00	2.66	1.127	0.325	0.143	- 0.793	0.285
GX4	1.00	5.00	2.62	1.198	0.218	0.143	- 0.640	0.285
GX5	1.00	5.00	2.72	1.245	0.257	0.143	- 0.577	0.285
GX6	1.00	5.00	2.61	1.184	0.315	0.143	- 0.848	0.285

（1）信度分析。本书采用 AMOS 18.0 进行分析对相关数据进行分析计算，可以直接得出标准化因子负荷。利用式（5 - 1）、式（5 - 2），计算变量的 CR 和 AVE。表 5 - 28 列出了各测量题项的标准化因子负

荷、组合信度和平均方差（AVE）析出量。由表 5 - 28 可以看出，组合信度（CR）为 0.874，大于 0.7，同时从表 5 - 4 可以看出，知识共享量表的 Cronbach's α 系数分别为 0.914 大于 0.8，因此知识共享量表具有良好的组合信度和内部一致性。

表 5 - 28　验证性因子分析结果及信、效度检验

题项	标准化因子负荷（λ）	组合信度（CR）	平均方差析出量（AVE）
GX1	0.700		
GX2	0.768		
GX3	0.796	0.874	0.537
GX4	0.690		
GX5	0.721		
GX6	0.714		

注：α = 0.914，因子分析 KMO 检验为 0.882，Bartlett's 球形检验卡方值 406.246。

（2）效度分析。首先，进行内容效度分析。由前面量表设计过程可知，本书中所使用的量表是在现有文献的基础上开发，并经过专家访谈和企业实际调查，修改后定稿，因此问卷具有很好的内容效度。

其次是聚合效度分析。从表 5 - 28 可以看出，各测是题项在其所属因子上的标准化因子负荷解都大于 0.5、组合信度（CR）为 0.874，大于 0.7，平均方差（AVE）析出量为 0.537，大于 0.5。因此，标准化因子负荷、组合信度和 AVE 的值均达到聚合效度的标准，因此量表具有很好的聚合效度。对 6 个题项做探索性因子分析，仅得到 1 个特征值大于 1 的因子，该因子解释了 70.513% 的总变异，说明测量结构的一维性很好，也说明该 6 个测项都集中于测量知识共享，不存在测量其他构念的情况。

最后，进行区分效度分析。由表 5 - 4 对 100 个样本进行探索性因子分析初步得出，量表具有较好的区分效度。下面将通过对全样本数据进行验证性因子分析，再次进行区分效度评估。采用 AMOS 18.0 对数据进行验证性因子分析。从验证性因子分析结果中发现，因子模型的卡方自由度比值 2.044，P < 0.01，GFI 大于 0.8，AGFI 大于 0.8，RMSEA 小于 0.1，CFI 大于 0.8，NFI 大于 0.9，NNFI 大于 0.9，IFI 大

于0.9，从模型拟合指数（见表5-29）来看，本书得出的知识共享的因子模型拟合良好。因此，知识共享量表具有比较高的质量。

表5-29　模型拟合指数

拟合指数数值	χ^2/Df	GFI	AGFI	RMSEA	CFI	NFI	NNFI	IFI
	2.044	0.979	0.951	0.060	0.987	0.976	0.979	0.988

（三）整体量表质量检验

根据前文中对各变量的因子分析及验证结果，采用 AMOS 18.0 软件对量表整体数据进行验证性因子分析，卡方自由度比值为1.609，$P < 0.01$，GFI 大于0.8，AGFI 大于0.8，RMSEA 小于0.1，CFI 大于0.8，NFI 大于0.9，NNFI 大于0.9，IFI 大于0.9。从模型拟合指数（见表5-31）来看，本书的8变量结构模型的拟合指数都在理想范围内，表明采用这8个变量可以进行下一步的实证分析。各变量所包含测项的因子负荷标准化解如表5-30所示。计算量表组合信度（CR）如表5-30所示，组合信度一般要求大于0.7，从表5-30中计算结果可以看出，各个变量的组合信度全在0.7以上，因此表明该量表的信度较好。

表5-30　验证性因子分析结果及信、效度检验

因子	题项	标准化因子负荷（λ）	组合信度（CR）	平均方差析出量（AVE）
合作创新行为默契程度	XW1	0.865	0.915	0.729
	XW2	0.911		
	XW3	0.804		
	XW4	0.831		
创新网络规范共识	GS1	0.845	0.910	0.628
	GS2	0.854		
	GS3	0.759		
	GS4	0.752		
	GS5	0.837		
	GS6	0.694		

续表

因子	题项	标准化因子负荷（λ）	组合信度（CR）	平均方差析出量（AVE）
共同信任	XR1	0.630	0.877	0.545
	XR2	0.682		
	XR3	0.824		
	XR4	0.760		
	XR5	0.796		
	XR6	0.721		
关系承诺	CN1	0.855	0.920	0.696
	CN2	0.875		
	CN3	0.879		
	CN4	0.799		
	CN5	0.758		
关系嵌入	QR1	0.772	0.845	0.524
	QR2	0.826		
	QR3	0.645		
	QR4	0.656		
	QR5	0.703		
网络稳定	WD1	0.795	0.842	0.520
	WD2	0.827		
	WD3	0.536		
	WD4	0.748		
	WD5	0.663		
创新独占	DZ2	0.839	0.905	0.616
	DZ3	0.843		
	DZ4	0.741		
	DZ5	0.776		
	DZ6	0.787		
	DZ7	0.713		
知识共享	GX1	0.703	0.874	0.537
	GX2	0.766		
	GX3	0.790		
	GX4	0.695		
	GX5	0.723		
	GX6	0.714		

注：$\alpha = 0.965$，因子分析 KMO 检验为 0.929，Bartlett's 球形检验卡方值 698.262。

表 5 - 31 模型拟合指数

拟合指数数值	χ^2/df	GFI	AGFI	RMSEA	CFI	NFI	NNFI	IFI
	1.609	0.826	0.802	0.046	0.939	0.855	0.934	0.940

由于研究在编制量表时参考了一些成熟的相关量表，并且经过了对专家和企业关键人员的访谈，以及试测和修订，因而该量表具有较好的内容效度。同时采用测项的标准化因子负荷和平均方差析出量（AVE）来评判。标准化因子负荷值应大于 0.5 且达到显著，AVE 也应该大于 0.5。验证性因子分析结果表明，所有测项的因子负荷都在 P < 0.01 水平上显著，负荷值如表 5 - 30 所示，AVE 的计算结果如表 5 - 30 所示，各个变量的 AVE 都在 0.5 以上。因此，研究认为该量表的效度较好。

最后，本书通过比较各个变量的 AVE 平方根与变量之间的相关系数的方法来分析辨别效度（Discriminant Validity），如果各变量的 AVE 的平方根都大于变量之间的相关系数，那么量表具有良好的辨别效度。对其进行的区分效度检验结果如表 5 - 32 所示。该表显示了各因子间的相关系数，对角线为各因子 AVE 的平方根，表中显示各因子 AVE 的平方根均大于其所在行和列的相关系数值，这意味着它对与之对应的测量项目的变异解释，高于对其他测量项目的变异解释。因此，本模型中测量指标具有一定的区分效度，因子结构模型如图 5 - 1 所示。

表 5 - 32 量表的区分效度分析

	合作创新行为默契	创新网络规范共识	共同信任	关系承诺	关系嵌入	网络稳定	创新独占	知识共享
合作创新行为默契	0.854							
创新网络规范共识	0.160**	0.792						
共同信任	0.342**	0.439**	0.738					
关系承诺	0.322**	0.364**	0.631**	0.834				
关系嵌入	0.036	0.441**	0.334**	0.313**	0.724			
网络稳定	0.403**	0.413**	0.485**	0.475**	0.310**	0.721		
创新独占	0.247**	0.258**	0.485**	0.545**	0.232**	0.411**	0.785	
知识共享	0.262**	0.423**	0.680**	0.527**	0.440**	0.304**	0.253**	0.733

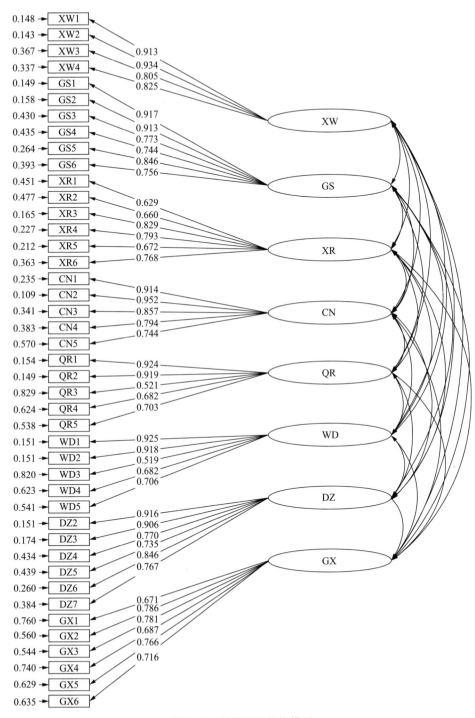

图 5 - 1　整体因子结构模型

第六章　实证研究结果与分析

本书主要采用逐步多元回归分析验证概念模型中所提出的假设。逐步多元回归分析使研究者能够基于变量的因果关系设定变量进入回归模型的顺序（Cohen，West & Aiken，2003），逐步多元回归分析的方法不仅能通过分步检验每一组自变量进入模型之后的变化，从而判断新的变量进入之后模型是否有所改善，从而直观地反映出新进入变量解释因变量的贡献程度。对于多个题项测量的变量，本书取题项的平均值作为变量的值。

一、相关分析

变量间存在相关关系是进行回归分析的前提（许冠南，2008）。相关分析的目的是对变量之间是否存在相互影响进行初步的检查，以便为后续的回归分析做好相关准备。在相关分析中，所反映的结果是变量间相互作用的可能性，而不反映变量间的因果关系。通过进行相关分析，可以使研究者初步判断模型的设计或假设的提出是否合理。因此，在本书进行回归分析之前，先对各变量的有效测量题项以及在此过程中所提取的各因子，运用 SPSS 统计软件对研究模型中的所有变量做 Pearson 相关分析，分析结果详见本章各节相应表格。

二、多元线性回归的三大问题及其检验

采用回归分析方法研究各种关系时往往会遇到多重共线性、异方差和序列相关三大问题，只有在确保不存在这些问题的情况下，对模型进行回归分析的结果才具有一定的可靠性和有效性。因此，需要对回归模型进行多重共线性、异方差和序列相关问题三大基本问题的检验（朱平芳，2004）。本书在采用层次回归分析方法时，对各个回归模型均进行了检验，尽量避免或者减少三大问题的影响，从而保证回归结果的科学性。

（1）多重共线性检验。多重共线性指的是回归方程中，一些或全部自变量之间存在严重的线性相关，即多个自变量有共同的变化趋势（古扎拉蒂，2000），使自变量自身的回归系数降低并扩大标准误，从而出现回归方程整体显著而各个自变量不显著的现象（奉小斌，2012；张文彤和董伟，2004）。多重共线性问题通过使用方差膨胀因子（VIF）指数来衡量（马庆国，2002）。一般认为，当方差膨胀因子大于5或者更大一些时，就可以判断回归模型存在较严重的多重共线性问题（朱平芳，2004）。回归分析结果表明，各回归模型每一变量的VIF值均介于1与2之间，表明解释变量不存在多重共线性问题。

（2）异方差性检验。异方差性是指总体回归函数中的随机误差项不满足同方差性的假定，则线性回归模型存在异方差性（古扎拉蒂，2000；奉小斌，2012）。即指随解释变量的变化，被解释变量的方差存在明显的变化趋势。为了检验异方差问题，以标准化预测值为横轴，标准化残差为纵轴，进行残差散点图分析，若散点没有明显的变化趋势，则可认为不存在异方差问题（马庆国，2002）。本书中各回归模型的残差散点图均呈无序状，没有十分明显的变化趋势，表明所有的回归模型中均不存在严重异方差问题。

（3）序列相关检验。序列相关指的是不同期的样本值之间存在相关关系（马庆国，2002），其违背了经典模型对随机干扰项要求相互独立的假定，从而使最小二乘估计方法（OLS）不再具有最优性质。序列相关的问题易于出现在时间序列的数据中（古扎拉蒂，2000）。由于本书所采用的数据是调研数据，因此属于截面数据，而序列相关问题发生于时间序列数据，因此，从经验上判定，研究数据不可能出现样本值之间的序列相关问题。统计上，序列相关性一般采用 Durbin - Watson（DW）值进行判断（马庆国，2002）。DW 的值处于 0 到 4 之间，基本判别标准是：DW 值显著接近 0 或 4 时，存在序列相关性；而接近 2 时，则不存在序列相关。本书采用了 DW 值来判断序列相关问题，结果表明各个 DW 值均接近于 2，因此可以认为，各个回归模型并不存在序列相关问题。

三、多元回归分析结果

（一）技术创新网络惯例对网络治理目标的影响

1. 相关分析

依据前文的假设可知创新网络惯例会影响创新网络治理目标，本节主要采用调研数据对该假设进行检验。本书用 SPSS 16.0 对所获取的数据进行假设验证，表 6 - 1 是本节主要变量的均值、标准差以及相关系数。

表 6 - 1 均值、标准差和相关系数

	平均值	标准差	(1)	(2)	(3)	(4)	(5)
(1) 网络稳定	2.537	0.654	1				
(2) 创新独占	2.432	0.608	0.371**	1			
(3) 知识共享	2.575	0.937	0.120**	0.242**	1		
(4) 合作创新行为默契	2.625	1.073	-0.019	0.024	0.100*	1	
(5) 创新网络规范共识	2.560	0.930	0.057	0.267**	0.404**	-0.086	1

注：* 表示 $P < 0.05$，** 表示 $P < 0.01$。

从表6-1中可以看出，创新独占与合作创新行为默契、创新网络规范共识的相关系数分别为0.024、0.267。知识共享与合作创新行为默契、创新网络规范共识的相关系数分别为0.100、0.404。网络稳定与合作创新行为默契以及网络稳定与创新网络规范共识相关并不显著，这表明如果网络稳定与网络惯例的两个维度存在显著关系，那么这种关系要比线性关系复杂。因此，有必要进一步进行回归分析，以了解自变量对因变量影响的大小。

2. 回归分析

相关分析可以说明各因素之间是否存在关系以及关系的紧密度与方向，回归分析则可进一步指明关系的方向，说明因素之间是否存在因果关系。为检验本书提出的各个假设，我们进行逐步多元回归分析，回归分析结果如表6-2所示，括号里数值为标准误差（下同）。模型1、模型4和模型6是控制变量分别对因变量网络稳定、创新独占和知识共享为的主效应模型；模型2、模型5和模型7是自变量合作创新行为默契、创新网络规范共识分别对网络稳定、创新独占和知识共享的主效应模型；模型3是合作创新行为默契的平方和创新网络规范共识的平方对网络稳定的主效应模型。创新网络规范共识的平方对知识共享的主效应模型。模型8是创新网络规范共识的平方对知识共享的主效应模型。

表6-2　回归分析结果

变量	网络稳定			创新独占		知识共享		
	M1	M2	M3	M4	M5	M6	M7	M8
控制变量								
企业规模	0.171*** (0.080)	0.177*** (0.082)	0.178*** (0.080)	0.229*** (0.064)	0.237*** (0.063)	0.203*** (0.097)	0.228*** (0.089)	0.237*** (0.098)
企业年龄	0.107** (0.032)	0.101** (0.032)	0.123** (0.032)	0.189*** (0.026)	0.167*** (0.025)	0.291*** (0.039)	0.252*** (0.035)	0.277*** (0.039)
所有制形式	-0.056 (0.024)	-0.052 (0.024)	-0.058 (0.023)	-0.249*** (0.019)	-0.236*** (0.018)	-0.253*** (0.028)	-0.228*** (0.026)	-0.241*** (0.028)

续表

变量	网络稳定			创新独占		知识共享		
	M1	M2	M3	M4	M5	M6	M7	M8
自变量								
合作创新行为默契		0.028			0.074 *		0.167 ***	0.132 ***
		(0.031)			(0.024)		(0.034)	(0.038)
创新网络规范共识		0.044			0.257 ***		0.396 ***	
		(0.035)			(0.027)		(0.038)	
合作创新行为默契			−0.111 **					
			(0.025)					
创新网络规范共识			−0.084 *					0.024
			(0.025)					(0.030)
R^2	0.042	0.044	0.065	0.070	0.138	0.102	0.273	0.119
AR^2	0.036	0.035	0.056	0.064	0.129	0.096	0.266	0.110
F	7.406	4.704	7.136	12.842	16.338	19.334	38.456	13.780

注：＊＊＊表示 $P < 0.01$，＊＊表示 $P < 0.05$，＊表示 $P < 0.1$。

引入控制变量，以网络稳定为因变量，先对模型 1 做了回归分析（ $R^2 = 0.042$ ，调整 $R^2 = 0.036$ ）。从模型 2 加入自变量合作创新行为默契和创新网络规范共识后的回归结果来看， $R^2 = 0.044$ ，调整 $R^2 = 0.035$ 。F 统计量的显著性概率 $P = 000 < 0.01$ ，即拒绝总体回归系数均为 0 的原假设。因此，整体回归效果理想。但自变量合作创新行为默契和创新网络规范共识的系数没有通过显著性检验。

模型 3 在模型 1 的基础上加入合作创新行为默契的平方和创新网络规范共识的平方后， $R^2 = 0.065$ ，调整 $R^2 = 0.056$ ，自变量回归系数通过了显著性检验。F 统计量的显著性概率 $P = 0.000 < 0.01$ ，即拒绝总体回归系数均为 0 的原假设。因此，整体回归效果理想。模型 3 的结果显示：技术创新网络中，合作创新行为默契的二次项与网络稳定呈显著的负相关关系，即合作创新行为默契与网络稳定呈倒"U"形关系，假设 1a 通过了验证。创新网络规范共识的二次项与网络稳定呈显著的负相关关系，即创新网络规范共识与网络稳定呈倒"U"形关系，假设 1d 通过了验证。

在模型 4 中，以创新独占为因变量，引入控制变量做回归分析，

$R^2 = 0.070$，调整 $R^2 = 0.064$。模型5中加入自变量合作创新行为默契和创新网络规范共识后，$R^2 = 0.138$，调整 $R^2 = 0.129$，即进入回归方程的这五个变量解释了因变量总变异的 12.9%。F 统计量的显著性概率 $P = 0.000 < 0.01$，即拒绝总体回归系数均为0的原假设。因此，整体回归效果理想。模型解释能力加强，说明模型5比模型4的解释能力更强。

模型5的结果显示：技术创新网络中，企业间合作创新行为默契与创新独占之间具有显著的正相关关系，假设1b通过了验证；创新网络规范共识与创新独占之间具有显著的正相关关系，假设1e通过了验证。

在模型6中，以知识共享为因变量，引入控制变量做回归分析，$R^2 = 0.102$，调整 $R^2 = 0.096$。

模型7加入自变量合作创新行为默契和创新网络规范共识后，$R^2 = 0.273$，调整 $R^2 = 0.266$，即进入回归方程的这五个变量解释了因变量总变异的 26.6%。F 统计量的显著性概率 $P = 0.000 < 0.01$，即拒绝总体回归系数均为0的原假设。因此，整体回归效果理想。模型解释能力加强，说明模型7比模型6的解释能力更强。模型7的结果显示：创新网络中，企业间合作创新行为默契与知识共享之间具有显著的正相关关系，假设1c通过了验证；创新网络规范共识与知识共享之间具有显著的正相关关系。

模型8在模型6的基础上引入自变量创新网络规范共识的平方项后，方程不显著（自变量标准系数为 0.024，$P > 0.1$），因此，创新网络规范共识的平方项与知识共享之间不存在显著相关关系，我们无法证明创新网络规范共识与知识共享之间存在倒"U"形关系，假设1f没有得到验证。

3. 三大问题检验

本书中分别以网络稳定、创新独占和知识共享为因变量，以控制变量、合作创新行为默契、创新网络规范共识和创新网络规范共识平方为自变量，回归模型计算出的 DW 值，容许值及 VIF 方差膨胀因子如表6–3所示。由表6–3可以看出，DW 统计量的值 1.739、1.746、

1.547，接近 2，因此回归模型中残差间相互独立，不存在序列相关问题。由表看出容许度的值数值都大于 0.1，方差膨胀因子 VIF 的值都小于 5。因此，可以认为研究中的回归模型所涉及的各个变量之间并不存在严重的多重共线性。

表 6 - 3　模型 DW 值，容许值及 VIF 方差膨胀因子

变量	容许度	VIF	DW 值		
			网络稳定	创新独占	知识共享
企业规模	0.629	1.590	1.739	1.746	1.547
企业年龄	0.682	1.467			
所有制形式	0.537	1.864			
合作创新行为默契	0.936	1.069			
创新网络规范共识	0.962	1.036			
创新网络规范共识平方	0.940	1.064			

（二）技术创新网络惯例对关系机制的影响

1. 相关分析

依据前文的假设可知创新网络惯例会影响关系机制，本节主要采用调研数据对该假设进行检验。本书用 SPSS 16.0 对所获取的数据进行假设验证，表 6 - 4 是本节主要变量的均值、标准差以及相关系数。

表 6 - 4　均值、标准差和相关系数

	平均值	标准差	（1）	（2）	（3）	（4）	（5）
（1）共同信任	2.55	0.604	1				
（2）关系承诺	2.694	1.032	0.602**	1			
（3）关系嵌入	2.670	0.999	0.189**	0.084	1		
（4）合作创新行为默契	2.625	1.073	0.184**	0.142**	0.027	1	
（5）创新网络规范共识	2.560	0.930	0.349**	0.323**	-0.088**	-0.086*	1

注：**表示 P<0.05，*表示 P<0.1。

从表 6 - 4 中可以看出，共同信任与合作创新行为默契、创新网络规范共识的相关系数分别为 0.184、0.349。关系承诺与合作创新行为默契、创新网络规范共识的相关系数分别为 0.142、0.323。关系嵌入与合作创新行为默契、创新网络规范共识的相关系数分别为 0.027、-0.088。这说明技术创新网络惯例的不同维度与关系机制的不同维度存在显著的相关关系，因此有必要进一步进行回归分析，以了解自变量对因变量影响的大小。

2. 回归分析

相关分析可以说明各因素之间是否存在关系以及关系的紧密度与方向，回归分析则可进一步指明关系的方向，说明因素之间是否存在因果关系。为检验本书提出的各个假设，我们进行逐步多元回归分析，回归分析结果如表 6 - 5 所示，括号里数值为标准误差（下同）。模型 1、模型 3 和模型 5 是控制变量分别对因变量共同信任、关系承诺和关系嵌入的主效应模型；模型 2、模型 4 和模型 6 是自变量合作创新行为默契和创新网络规范共识分别对因变量共同信任、关系承诺和关系嵌入的主效应模型。

表 6 - 5　回归分析结果

变量	信任		承诺		嵌入	
	M1	M2	M3	M4	M5	M6
控制变量						
企业规模	0.151 ***	0.198 ***	0.101 **	0.133 **	0.128 **	0.148 ***
	(0.072)	(0.067)	(0.110)	(0.105)	(0.109)	(0.111)
企业年龄	0.319 ***	0.276 ***	0.177 ***	0.140 ***	0.104 **	0.105 **
	(0.029)	(0.027)	(0.044)	(0.041)	(0.044)	(0.044)
所有制形式	-0.224 ***	-0.194 ***	-0.175 ***	-0.151 ***	-0.008	-0.006
	(0.021)	(0.019)	(0.032)	(0.030)	(0.032)	(0.032)
自变量						
合作创新行为默契		0.246 ***		0.186 ***		0.063
		(0.026)		(0.040)		(0.042)
创新网络规范共识		0.347 ***		0.328 ***		-0.098 **
		(0.029)		(0.045)		(0.048)

续表

变量	信任		承诺		嵌入	
	M1	M2	M3	M4	M5	M6
R^2	0.100	0.263	0.034	0.163	0.036	0.050
AR^2	0.095	0.256	0.028	0.155	0.031	0.041
F	19.063	36.484	6.002	19.962	6.441	5.421

注：＊＊＊表示 P<0.01，＊＊表示 P<0.05，＊表示 P<0.1。

引入控制变量，以共同信任为因变量，先对模型 1 做了回归分析，$R^2 = 0.100$，调整 $R^2 = 0.095$。从模型 2 加入自变量合作创新行为默契和创新网络规范共识后的回归结果来看，$R^2 = 0.263$，调整 $R^2 = 0.256$，即进入回归方程的这 5 个变量解释了因变量总变异的 25.6%。F 统计量的显著性概率 P<0.01，即拒绝总体回归系数均为 0 的原假设。因此，整体回归效果理想。自变量的系数通过了显著性检验，多重判定系数 R^2 值的变化显著，大大增加了模型的解释能力，说明模型 2 比模型 1 的解释能力更强。模型 2 的结果显示：技术创新网络中，企业间合作创新行为默契与共同信任之间具有显著的正相关关系，假设 2a 通过了验证；创新网络规范共识与共同信任之间具有显著的正相关关系，假设 2d 通过了验证。在模型 3 中，以关系承诺为因变量，引入控制变量做回归分析，$R^2 = 0.034$，调整 $R^2 = 0.028$，模型 4 中加入自变量合作创新行为默契和创新网络规范共识后，$R^2 = 0.163$，调整 $R^2 = 0.155$，即进入回归方程的这 5 个变量解释了因变量总变异的 15.5%。F 统计量的显著性概率 P<0.01，即拒绝总体回归系数均为 0 的原假设，因此整体回归效果理想。模型解释能力加强，说明模型 4 比模型 3 的解释能力更强。自变量系数显著。模型 4 的结果显示：技术创新网络中，企业间合作创新行为默契与关系承诺之间具有显著的正相关关系，假设 2b 通过了验证；创新网络规范共识与关系承诺之间具有显著的正相关关系，假设 2e 通过了验证。在模型 5 中，以关系嵌入为因变量，引入控制变量做回归分析，$R^2 = 0.036$，调整 $R^2 = 0.031$，模型 6 加入自变量合作创新行为默契和创新网络规范共识后，$R^2 = 0.050$，调整 $R^2 = 0.041$。F 统计量的显著性概率 P = 0.000 < 0.01，即拒绝总体回归系数均为 0 的原假设。因此，整体回归效果理想。模型解释能力

加强，说明模型6比模型5的解释能力更强。自变量创新网络规范共识的系数显著，但自变量合作创新行为默契的系数不显著（自变量标准系数为0.063，P > 0.1）。模型6的结果显示：技术创新网络中，企业间合作创新行为默契与关系嵌入之间不具有显著的相关关系，假设2c未通过验证；创新网络规范共识与关系嵌入之间具有显著的正相关关系，假设2f通过了验证。

3. 三大问题检验

本书中分别以共同信任、关系承诺和关系嵌入为因变量，以控制变量、合作创新行为默契和创新网络规范共识为自变量，回归模型计算出的DW值，容许值及VIF方差膨胀因子如表6-6所示。由表6-6可以看出，DW统计量的值1.879、1.922、1.508，接近2，因此回归模型中残差间相互独立，不存在序列相关问题。由表看出容许度的值数值都大于0.1，方差膨胀因子VIF的值都小于5。因此，可以认为研究中的回归模型所涉及的各个变量之间并不存在严重的多重共线性。

表6-6 模型DW值，容许值及VIF方差膨胀因子

变量	容许度	VIF	DW值		
			共同信任	关系承诺	关系嵌入
企业规模	0.629	1.590			
企业年龄	0.682	1.467			
所有制形式	0.537	1.864	1.879	1.922	1.508
合作创新行为默契	0.936	1.069			
创新网络规范共识	0.962	1.036			
创新网络规范共识平方	0.940	1.064			

（三）技术创新网络中关系机制对网络治理目标的影响

1. 相关性分析

依据前文的假设可知创新网络关系机制会影响创新网络治理目标，

本节主要采用调研数据对该假设进行检验。本书用 SPSS 16.0 对所获取的数据进行假设验证，表 6－7 是本节主要变量的均值、标准差以及相关系数。从表 6－7 中可以看出，网络治理目标的不同维度与关系机制的不同维度存在显著的相关关系，但知识共享与关系嵌入的关系并不显著，这说明如果知识享与关系嵌入之间存在相关关系，那么二者之间的关系并不是简单的正相关关系。因此，有必要进一步进行回归分析，以了解自变量对因变量影响的大小。

表 6－7　均值、标准差和相关系数

	平均值	标准差	(1)	(2)	(3)	(4)	(5)	(6)
(1) 网络稳定	2.537	0.654	1					
(2) 创新独占	2.432	0.608	0.371**	1				
(3) 知识共享	2.575	0.937	0.120**	0.242**	1			
(4) 共同信任	2.55	0.604	0.339**	0.484**	0.603**	1		
(5) 关系承诺	2.694	1.032	0.274**	0.556**	0.532**	0.602**	1	
(6) 关系嵌入	2.670	0.999	0.336**	0.069	0.122**	0.189**	0.084	1

注：* 表示 $P < 0.05$，** 表示 $P < 0.01$。

2. 回归分析

为检验本书提出的各个假设，我们进行逐步多元回归分析，回归分析结果如表 6－8 所示，括号里数值为标准误差（下同）。模型 1、模型 3 和模型 5 是控制变量分别对因变量网络稳定、创新独占和知识共享为的主效应模型；模型 2、模型 4 和模型 6 是自变量共同信任、关系承诺和关系嵌入分别对网络稳定、创新独占和知识共享的主效应模型；模型 7 是关系嵌入的平方对知识共享的主效应模型。

引入控制变量，以网络稳定为因变量，先对模型 1 做了回归分析，$R^2 = 0.042$，调整 $R^2 = 0.036$。从模型 2 加入自变量共同信任、关系承诺和关系嵌入后的回归结果来看，$R^2 = 0.211$，调整 $R^2 = 0.202$，F 统计量的显著性概率 $P = 0.000 < 0.01$，即拒绝总体回归系数均为 0 的原假设。因此，方程是显著的，自变量的系数通过了显著性检验，多重判定系数 R^2 值的变化显著，大大增加了模型的解释能力，说明模型 2

表6-8　回归分析结果

变量	网络稳定		创新独占		知识共享		
	M1	M2	M3	M4	M5	M6	M7
控制变量							
企业规模	0.171***	0.094*	0.229***	0.159***	0.203***	0.116***	0.124***
	(0.080)	(0.074)	(0.064)	(0.054)	(0.097)	(0.078)	(0.079)
企业年龄	0.107**	-0.008	0.189***	0.053	0.291***	0.117***	0.119***
	(0.032)	(0.031)	(0.026)	(0.022)	(0.039)	(0.032)	(0.032)
所有制形式	-0.056	0.014	-0.249***	-0.131***	-0.253***	-0.117***	-0.117**
	(0.024)	(0.022)	(0.019)	(0.016)	(0.028)	(0.023)	(0.023)
自变量							
共同信任		0.199***		0.205***		0.397***	0.402***
		(0.055)		(0.040)		(0.059)	(0.058)
关系承诺		0.126**		0.413***		0.266***	0.270***
		(0.036)		(0.026)		(0.038)	(0.038)
关系嵌入		0.272***		-0.023		0.001	
		(0.030)		(0.022)		(0.032)	
关系嵌入平方							-0.049
							(0.026)
R^2	0.042	0.211	0.070	0.363	0.102	0.428	0.430
AR^2	0.036	0.202	0.064	0.356	0.096	0.421	0.423
F	7.406	22.734	12.842	48.454	19.334	63.551	64.127

注：***表示$P<0.01$，**表示$P<0.05$，*表示$P<0.1$。

比模型1的解释能力更强。模型2的结果显示：创新网络中，企业间共同信任与网络稳定之间具有显著的正相关关系，假设3a通过了验证；企业间关系承诺与网络稳定之间具有显著的正相关关系，假设3d通过了验证；企业间关系嵌入与网络稳定之间具有显著的正相关关系，假设3g通过了验证。在模型3中，以创新独占为因变量，引入控制变量做回归分析，$R^2 = 0.070$，调整$R^2 = 0.064$。模型4中加入自变量共同信任、关系承诺和关系嵌入后，F统计量的显著性概率$P = 0.000 <$

0.01，即拒绝总体回归系数均为 0 的原假设。因此，整体回归效果理想。模型解释能力加强（$R^2 = 0.363$，调整 $R^2 = 0.356$），说明模型 4 比模型 3 的解释能力更强。自变量共同信任、关系承诺的系数显著，但关系嵌入的系数不显著（自变量系数为 -0.023，$P > 0.1$）。模型 4 的结果显示：技术创新网络中，企业间共同信任与创新独占之间具有显著的正相关关系，假设 3b 通过了验证；企业间关系承诺与创新独占之间具有显著的正相关关系，假设 3e 通过了验证。企业间关系嵌入与创新独占之间没有显著关系，假设 3h 未通过验证。在模型 5 中，以知识共享为因变量，引入控制变量做回归分析，$R^2 = 0.102$，调整 $R^2 = 0.096$。模型 6 加入自变量共同信任、关系承诺和关系嵌入后，F 统计量的显著性概率 $P = 0.000 < 0.01$，即拒绝总体回归系数均为 0 的原假设。因此，整体回归效果理想，模型解释能力加强（$R^2 = 0.428$，调整 $R^2 = 0.421$），说明模型 6 比模型 5 的解释能力更强。

模型 6 的结果显示：技术创新网络中，企业间共同信任与知识共享之间具有显著的正相关关系，假设 3c 通过了验证；企业间关系承诺与知识共享之间具有显著的正相关关系，假设 3f 通过了验证；企业间关系嵌入与知识共享之间具有显著的正相关关系。但模型 7 在模型 5 的基础上引入自变量关系嵌入的平方项后，方程不显著（自变量标准系数为 -0.049，$P > 0.1$），因此，我们无法证明关系嵌入与知识共享之间存在倒 "U" 形关系，假设 3i 没有得到验证。

3. 三大问题检验

本书中分别以网络稳定、创新独占和知识共享为因变量，以控制变量、共同信任、关系承诺和关系嵌入为自变量，回归模型计算出的 DW 值，容许值及 VIF 方差膨胀因子如表 6 − 9 所示。由表 6 − 9 可以看出，DW 统计量的值 1.688、1.686、1.598，接近 2，因此回归模型中残差间相互独立，不存在序列相关问题。由表看出容许度的值数值都大于 0.1（Hair et al.，2005），方差膨胀因子 VIF 的值都小于 5。因此，可以认为研究中的回归模型所涉及的各个变量之间并不存在严重的多重共线性。

表 6 - 9　模型 DW 值，容许值及 VIF 方差膨胀因子

变量	容许度	VIF	DW 值		
			网络稳定	创新独占	知识共享
企业规模	0.600	1.590			
企业年龄	0.638	1.467			
所有制形式	0.522	1.864	1.688	1.686	1.598
共同信任	0.540	1.851			
关系承诺	0.587	1.703			
关系嵌入	0.808	1.237			

（四）技术创新网络中关系机制的中介作用

对于中介变量的验证，本书将采用逐步多元回归分析方法对中介作用进行验证。即采用相关和偏相关分析（Baron & Kenny，1986；杨静、杨志蓉，2006），具体过程可以分为四步：①自变量与中介变量相关；②自变量与因变量相关；③中介变量与因变量相关；④当考虑到中介变量的作用时，自变量对因变量的影响减弱或直到没有。如果自变量对因变量的影响减弱到不显著水平，说明中介变量起到完全的中介作用，自变量完全通过中介变量影响因变量；如果虽然减弱，但仍然达到显著性水平时，则中介变量只起到部分中介作用，即自变量对因变量的影响只有一部分是通过中介变量实现的，此时自变量一方面通过中介变量影响因变量，另一方面也直接对因变量起作用（Chen，Aryee & Lee，2005；Tippins & Sohi，2003）。本书用三个回归方程来分析网络中心性的中介效应：首先把因变量做回归（x - y），其次再把中介变量对自变量做回归（x - m），最后把因变量同时对自变量和中介变量作回归（x，m - y）。当上面的任何一个回归方程不存在显著的相关关系，则中介效应不存在（刘军，2008）。

本节主要分析技术创新网络中关系机制在网络惯例与网络治理目标间关系的中介作用，利用 SPSS 16.0 软件对所获取的数据进行分析，验证关系机制的中介作用。模型 1 报告只包含控制变量的回归模型分

析结果；模型 2 报告含有控制变量和自变量的回归模型分析结果；模型 3 为包括控制变量和中介变量的回归结果；模型 4、模型 5 和模型 6 分别为含有控制变量、自变量和中介效应变量的全回归模型分析结果。由于表 6 – 10 和表 6 – 11 分别显示了因变量为创新独占和知识共享的回归分析结果。

表 6 – 10　因变量为创新独占的回归分析结果

变量	创新独占				
	M1	M2	M3	M4	M5
控制变量					
企业规模	0. 229 ***	0. 237 ***	0. 159 ***	0. 154 ***	0. 170 ***
	（0. 064）	（0. 063）	（0. 054）	（0. 059）	（0. 055）
企业年龄	0. 189 ***	0. 167 ***	0. 053	0. 052	0. 097
	（0. 026）	（0. 025）	（0. 022）	（0. 024）	（0. 022）
所有制形式	– 0. 249 ***	– 0. 236 ***	– 0. 131 ***	– 0. 155 ***	– 0. 161 ***
	（0. 019）	（0. 018）	（0. 016）	（0. 017）	（0. 016）
自变量					
合作创新行为默契程度		0. 074 *		– 0. 029	– 0. 019
		（0. 024）		（0. 023）	（0. 021）
创新网络规范共识		0. 257 ***		0. 112 ***	0. 093 **
		（0. 027）		（0. 027）	（0. 025）
中介变量					
共同信任			0. 205 ***	0. 418 ***	
			（0. 040）	（0. 038）	
关系承诺			0. 413 ***		0. 500 ***
			（0. 026）		（0. 023）
关系嵌入			– 0. 023		
			（0. 022）		
R^2	0. 070	0. 138	0. 363	0. 266	0. 347
AR^2	0. 064	0. 129	0. 356	0. 258	0. 340
F	12. 842	16. 338	48. 454	30. 876	45. 207

注：*** 表示 P < 0.01，** 表示 P < 0.05，* 表示 P < 0.1。

表 6 - 11　因变量为知识共享的回归分析结果

变量	知识共享				
	M1	M2	M3	M4	M5
控制变量					
企业规模	0.203***	0.228***	0.116***	0.137***	0.176***
	(0.097)	(0.089)	(0.078)	(0.080)	(0.082)
企业年龄	0.291***	0.252***	0.117***	0.124***	0.197***
	(0.039)	(0.035)	(0.032)	(0.032)	(0.032)
所有制形式	-0.253***	-0.228***	-0.117***	-0.138***	-0.169***
	(0.028)	(0.026)	(0.023)	(0.023)	(0.023)
自变量					
合作创新行为默契		0.167***		0.053	0.094**
		(0.034)		(0.031)	(0.031)
创新网络规范共识		0.396***		0.236***	0.269***
		(0.038)		(0.036)	(0.037)
中介变量					
共同信任			0.397***	0.462***	
			(0.059)	(0.052)	
关系承诺			0.266***		0.390***
			(0.038)		(0.034)
关系嵌入			0.001		
			(0.032)		
R^2	0.102	0.273	0.428	0.430	0.400
AR^2	0.096	0.266	0.421	0.424	0.393
F	19.334	38.456	63.551	64.225	56.779

注：*** 表示 $P < 0.01$，** 表示 $P < 0.05$，* 表示 $P < 0.1$。

由于在上文中的表 6 - 2 显示，合作创新行为默契、创新网络规范共识分别与网络稳定的关系不显著，不符合中介效应存在的条件，因此，无法验证关系机制在网络惯例与网络稳定关系中的中介效应。

由表 6 - 10 可知，模型 4 中，增加中介变量共同信任后，中介变量共同信任系数显著，合作创新行为默契对创新独占的影响完全消失，但创新网络规范共识对创新独占的影响仍然显著，因此可以得出：在技术创新网络中，共同信任在合作创新行为默契与创新独占中起完全中介作用；共同信任在创新网络规范共识与创新独占中起部分中介作用。

模型 5 中，增加中介变量关系承诺后，中介变量关系承诺系数显著，合作创新行为默契对创新独占的影响完全消失，但创新网络规范共识对创新独占的影响仍然显著，因此可以得出：在技术创新网络中，关系承诺在合作创新行为默契与创新独占中起完全中介作用；关系承诺在创新网络规范共识与创新独占中起部分中介作用。

由模型 3 可以看出，关系嵌入对创新独占的影响并不显著，因此，关系嵌入在网络惯例与创新独占关系中的中介作用不存在。因此，关系嵌入在创新网络规范共识与创新独占关系中的中介作用不存在。

由表 6 – 11 可知，模型 4 中，增加中介变量共同信任后，中介变量共同信任系数显著，创新网络规范共识对知识共享的影响仍然显著，但合作创新行为默契对知识共享的影响完全消失，因此可以得出：在技术创新网络中，共同信任在合作创新行为默契与知识共享中起完全中介作用；共同信任在创新网络规范共识与知识共享中起部分中介作用。

模型 5 中，增加中介变量关系承诺后，中介变量关系承诺系数显著，合作创新行为默契与创新网络规范共识对知识共享的影响仍然显著，因此可以得出：在技术创新网络中，关系承诺在合作创新行为默契与知识共享中起部分中介作用；关系承诺在创新网络规范共识与知识共享中起部分中介作用。

由模型 3 可以看出，关系嵌入对知识共享的影响并不显著，因此，关系嵌入在网络惯例与知识共享关系中的中介作用不存在，在创新网络规范共识与知识共享关系中的中介作用也不存在。

四、稳健性检验

稳健性检验一：Cohen、Levin 和 Mowery（1987）的研究发现，企业创新投入强度差异中约 50% 是由来自产业自身技术特征差异形成的行业固定效应所造成的。Scott（1984）的研究表明，企业创新投入强度中的差异大约16%可由产业自身技术或周期特征所解释。考虑到这种情形，深入到具体行业内部企业创新活动的关键影响因素研究，就成为检验我们研究结果稳健性的有效方法。限于篇幅，我们只给出占比例最大的电子信息行业的回归结果。表6-12、表6-13、表6-14和表6-15是对电子信息行业单个行业样本进行回归的回归结果。

表6-12　稳健性检验一：电子信息行业回归结果（1）

变量	信任		承诺		嵌入	
	M1	M2	M3	M4	M5	M6
控制变量						
企业规模	-0.054	-0.103	0.057	0.008	0.035	0.019
	(0.214)	(0.204)	(0.295)	(0.288)	(0.267)	(0.259)
企业年龄	0.171	0.139	-0.032	-0.067	0.011	-0.011
	(0.078)	(0.075)	(0.108)	(0.105)	(0.098)	(0.095)
所有制形式	-0.379***	-0.275**	-0.243**	-0.153	0.197	0.169
	(0.067)	(0.064)	(0.092)	(0.090)	(0.083)	(0.081)
自变量						
合作创新行为默契		0.272***		0.262***		0.041
		(0.069)		(0.097)		(0.087)
创新网络规范共识		0.316***		0.224**		-0.301***
		(0.073)		(0.103)		(0.093)
R^2	0.083	0.204	0.091	0.172	0.033	0.129
AR^2	0.059	0.168	0.067	0.135	0.007	0.089
F	3.420	5.699	3.792	4.612	1.277	3.276

表6-13　稳健性检验一：电子信息行业回归结果（2）

变量	网络稳定			
	M1	M2	M3	M4
控制变量				
企业规模	-0.142	-0.111	-0.089	-0.153
	(0.220)	(0.221)	(0.182)	(0.186)

续表

变量	网络稳定			
	M1	M2	M3	M4
企业年龄	−0.077 (0.081)	−0.053 (0.081)	−0.020 (0.067)	−0.117 (0.069)
所有制形式	0.057 (0.069)	0.002 (0.070)	0.062 (0.057)	0.144 (0.060)
自变量				
合作创新行为默契		−0.166 (0.075)		
创新网络规范共识		−0.124 (0.080)		
合作创新行为默契平方			−0.441*** (0.037)	
创新网络规范共识平方			−0.272*** (0.054)	
中介变量				
共同信任				0.253** (0.097)
关系承诺				0.225** (0.071)
关系嵌入				0.323*** (0.066)
R^2	0.030	0.059	0.350	0.330
AR^2	0.004	0.017	0.321	0.294
F	1.174	1.399	11.961	9.035

表6-14 稳健性检验一：电子信息行业回归结果（3）

变量	创新独占				
	M1	M2	M3	M4	M5
控制变量					
企业规模	0.145 (0.213)	0.078 (0.202)	0.142 (0.196)	0.105 (0.197)	0.076 (0.193)

续表

变量	创新独占				
	M1	M2	M3	M4	M5
企业年龄	0.139 (0.078)	0.090 (0.074)	0.113 (0.073)	0.054 (0.072)	0.110 (0.071)
所有制形式	− 0.073 (0.066)	0.045 (0.063)	0.091 (0.064)	0.116 (0.063)	0.092 (0.061)
自变量					
合作创新 行为默契		0.353 *** (0.068)		0.283 *** (0.069)	0.273 *** (0.067)
创新网络 规范共识		0.271 *** (0.073)		0.189 ** (0.074)	0.202 ** (0.071)
中介变量					
共同信任			0.209 ** (0.102)	0.259 *** (0.092)	
关系承诺			0.291 *** (0.075)		0.307 *** (0.064)
关系嵌入			− 0.070 (0.070)		
R^2	0.039	0.174	0.213	0.227	0.252
AR^2	0.014	0.136	0.170	0.185	0.211
F	1.534	4.666	4.957	5.385	6.174

表 6 – 15 稳健性检验一：电子信息行业回归结果（4）

变量	知识共享				
	M1	M2	M3	M4	M5
控制变量					
企业规模	− 0.123 (0.246)	− 0.168 (0.220)	− 0.125 (0.224)	− 0.151 (0.218)	− 0.171 (0.211)
企业年龄	0.002 (0.090)	− 0.024 (0.081)	− 0.015 (0.083)	− 0.047 (0.080)	− 0.005 (0.078)
所有制形式	− 0.230 (0.077)	− 0.105 (0.069)	− 0.042 (0.073)	− 0.058 (0.070)	− 0.062 (0.067)

续表

变量	知识共享				
	M1	M2	M3	M4	M5
自变量					
合作创新 行为默契		0.275 *** (0.074)		0.228 ** (0.076)	0.203 ** (0.074)
创新网络 规范共识		0.480 *** (0.079)		0.427 *** (0.083)	0.419 *** (0.078)
中介变量					
共同信任			0.216 ** (0.117)	0.170 * (0.101)	
关系承诺			0.328 *** (0.085)		0.276 *** (0.070)
关系嵌入			0.171 (0.079)		
R²	0.029	0.258	0.227	0.281	0.321
AR²	0.004	0.225	0.185	0.242	0.284
F	1.139	7.734	5.375	7.180	8.679

对照总体样本的回归结果，可以发现无论是全行业总体样本，还是特定行业样本各变量的系数符号、显著性基本保持一致。这就说明除了产业自身的技术等特征是影响我国制造业企业的重要因素外，模型中我们所设定的集中重要因素对其的影响也呈现出稳定效应，这相当程度上说明我们的研究结论是可靠的。

稳健性检验二：考虑到样本可能存在的非随机性和异常值对回归结果的影响，我们利用去掉三年的样本来进行稳健性检验，表6-16、表6-17、表6-18和表6-19是对去掉三年的样本进行回归的回归结果。

表 6 - 16　稳健性检验二：去掉成立三年以下企业回归结果（1）

变量	信任		承诺		嵌入	
	M1	M2	M3	M4	M5	M6
控制变量						
企业规模	0.165***	0.215***	0.126**	0.161***	0.144**	0.163***
	(0.077)	(0.071)	(0.115)	(0.109)	(0.116)	(0.118)
企业年龄	0.337***	0.290***	0.222***	0.182***	0.106*	0.106**
	(0.031)	(0.028)	(0.047)	(0.044)	(0.047)	(0.047)
所有制形式	-0.223***	-0.192***	-0.188***	-0.163	-0.046	-0.044
	(0.023)	(0.021)	(0.034)	(0.032)	(0.034)	(0.034)
自变量						
合作创新行为默契		0.248***		0.186***		0.066
		(0.027)		(0.041)		(0.044)
创新网络规范共识		0.339***		0.330***		-0.090*
		(0.030)		(0.046)		(0.050)
R^2	0.112	0.276	0.051	0.186	0.033	0.046
AR^2	0.106	0.268	0.045	0.177	0.027	0.035
F	19.482	35.077	8.303	21.004	5.307	4.417

表 6 - 17　稳健性检验二：去掉成立三年以下企业回归结果（2）

变量	网络稳定			
	M1	M2	M3	M4
控制变量				
企业规模	0.195***	0.200***	0.203	0.111**
	(0.088)	(0.089)	(0.087)	(0.082)
企业年龄	0.120**	0.115**	0.139**	-0.005
	(0.036)	(0.036)	(0.036)	(0.034)
所有制形式	-0.075	-0.071	-0.080	0.008
	(0.026)	(0.026)	(0.026)	(0.024)
自变量				
合作创新行为默契		0.027		
		(0.034)		

续表

变量	网络稳定			
	M1	M2	M3	M4
创新网络规范共识		0.045 (0.038)		
			-0.124*** (0.027)	
			-0.079* (0.027)	
中介变量				
共同信任				0.222*** (0.061)
关系承诺				0.122** (0.041)
关系嵌入				0.222*** (0.033)
R^2	0.050	0.053	0.076	0.198
AR^2	0.044	0.043	0.066	0.187
F	8.171	5.143	7.586	18.921

表6-18 稳健性检验二：去掉成立三年以下企业回归结果（3）

变量	创新独占				
	M1	M2	M3	M4	M5
控制变量					
企业规模	0.248*** (0.068)	0.261*** (0.067)	0.161*** (0.057)	0.169*** (0.062)	0.180*** (0.059)
企业年龄	0.237*** (0.028)	0.212*** (0.027)	0.075 (0.024)	0.087* (0.026)	0.120*** (0.024)
所有制形式	-0.308*** (0.020)	-0.294*** (0.019)	-0.185*** (0.017)	-0.212*** (0.018)	-0.212*** (0.017)

续表

变量	创新独占				
	M1	M2	M3	M4	M5
自变量					
合作创新 行为默契		0.084 * (0.025)		0.022 (0.024)	0.010 (0.022)
创新网络 规范共识		0.243 *** (0.028)		0.097 (0.028)	0.076 (0.026)
中介变量					
共同信任			0.208 *** (0.042)	0.429 *** (0.040)	
关系承诺			0.410 *** (0.028)		0.505 *** (0.025)
关系嵌入			0.008 (0.023)		
R^2	0.093	0.156	0.384	0.289	0.364
AR^2	0.087	0.147	0.375	0.280	0.355
F	15.784	17.057	47.696	31.199	43.828

表 6-19　稳健性检验二：去掉成立三年以下企业回归结果（4）

变量	知识共享				
	M1	M2	M3	M4	M5
控制变量					
企业规模	0.195 *** (0.100)	0.223 *** (0.091)	0.093 ** (0.082)	0.129 *** (0.084)	0.161 *** (0.084)
企业年龄	0.295 *** (0.041)	0.251 *** (0.037)	0.104 ** (0.034)	0.124 *** (0.034)	0.180 *** (0.034)
所有制形式	- 0.214 *** (0.030)	- 0.188 *** (0.027)	- 0.077 (0.024)	- 0.103 ** (0.024)	- 0.125 ** (0.024)

续表

变量	知识共享				
	M1	M2	M3	M4	M5
自变量					
合作创新行为默契		0.169*** (0.034)		0.061 (0.032)	0.097** (0.032)
创新网络规范共识		0.402*** (0.039)		0.253*** (0.037)	0.274*** (0.037)
中介变量					
共同信任			0.368*** (0.061)	0.438*** (0.054)	
关系承诺			0.284*** (0.041)		0.388*** (0.036)
关系嵌入			0.039 (0.033)		
R^2	0.101	0.282	0.416	0.424	0.404
AR^2	0.095	0.274	0.408	0.413	0.396
F	17.342	36.155	54.628	55.700	51.972

　　对照总体样本的回归结果，回归结果与总样本各变量的各种特征保持一致。对照总体样本的回归结果，可以发现无论是总体样本，还是去掉成立三年以下企业样本，样本各变量的系数符号、显著性基本保持一致。这就说明模型中我们所设定的集中重要因素对其的影响呈现出稳定效应，这相当程度上说明我们的研究结论是可靠的。

　　稳健性检验三：考虑到新成立企业的业绩容易出现非正常性波动，我们去掉成立小于三年的样本进行稳健性检验，回归结果如表6-20、表6-21、表6-22和表6-23是对各去掉5%比例企业规模最高和企业规模最低的样本进行回归的回归结果。

表6-20 稳健性检验三：各去掉5%规模最大、最小企业回归结果（1）

变量	信任		承诺		嵌入	
	M1	M2	M3	M4	M5	M6
控制变量						
企业规模	0.161***	0.217***	0.116**	0.153***	0.137**	0.154***
	(0.077)	(0.072)	(0.115)	(0.110)	(0.116)	(0.119)
企业年龄	0.334***	0.289***	0.221***	0.183***	0.101*	0.102*
	(0.031)	(0.029)	(0.047)	(0.044)	(0.047)	(0.047)
所有制形式	-0.218***	-0.192***	-0.178***	-0.158***	-0.036	-0.034
	(0.023)	(0.021)	(0.034)	(0.032)	(0.034)	(0.034)
自变量						
合作创新行为默契		0.248***		0.177***		0.054
		(0.027)		(0.042)		(0.045)
创新网络规范共识		0.339***		0.326***		-0.096**
		(0.030)		(0.046)		(0.050)
R^2	0.110	0.271	0.049	0.177	0.032	0.044
AR^2	0.104	0.263	0.042	0.168	0.025	0.034
F	18.959	34.075	7.828	19.637	5.003	4.217

表6-21 稳健性检验三：各去掉5%规模最大、最小企业回归结果（2）

变量	网络稳定					
	M1	M2	M3	M4	M5	M6
控制变量						
企业规模	0.191***	0.196***	0.199***	0.111**		
	(0.088)	(0.091)	(0.088)	(0.083)		
企业年龄	0.120**	0.115**	0.138**	-0.003		
	(0.036)	(0.036)	(0.036)	(0.035)		
所有制形式	-0.071	-0.069	-0.076	0.007		
	(0.026)	(0.026)	(0.026)	(0.024)		
自变量						
合作创新行为默契		0.022				
		(0.034)				

续表

变量	网络稳定					
	M1	M2	M3	M4	M5	M6
创新网络 规范共识		0.042 (0.038)				
合作创新 行为默契平方			-0.128*** (0.027)			
创新网络 规范共识平方			-0.069 (0.027)			
中介变量						
共同信任				0.221*** (0.061)		
关系承诺				0.123** (0.041)		
关系嵌入				0.223*** (0.033)		
R^2	0.049	0.052	0.077	0.197		
AR^2	0.043	0.041	0.066	0.186		
F	7.979	4.980	7.594	18.630		

表6-22 稳健性检验三：各去掉5%规模最大、最小企业回归结果（3）

变量	创新独占				
	M1	M2	M3	M4	M5
控制变量					
企业规模	0.246*** (0.068)	0.258*** (0.067)	0.164*** (0.057)	0.165*** (0.063)	0.181*** (0.059)
企业年龄	0.231*** (0.028)	0.208*** (0.027)	0.071 (0.024)	0.084* (0.026)	0.116** (0.024)
所有制形式	-0.299*** (0.020)	-0.289*** (0.019)	-0.182*** (0.017)	-0.206*** (0.018)	-0.209*** (0.017)

续表

变量	创新独占				
	M1	M2	M3	M4	M5
自变量					
合作创新行为默契		0.076 *		0.031	0.013
		(0.025)		(0.024)	(0.023)
创新网络规范共识		0.237 ***		0.091 **	0.073 *
		(0.028)		(0.028)	(0.026)
中介变量					
共同信任			0.208 ***	0.430 ***	
			(0.042)	(0.040)	
关系承诺			0.406 ***		0.503 ***
			(0.028)		(0.025)
关系嵌入			0.005		
			(0.023)		
R^2	0.089	0.148	0.376	0.283	0.356
AR^2	0.083	0.139	0.368	0.274	0.348
F	14.991	15.911	45.988	30.069	42.138

表6-23　稳健性检验三：各去掉5%规模最大、最小企业回归结果（4）

变量	知识共享				
	M1	M2	M3	M4	M5
控制变量					
企业规模	0.193 ***	0.226 ***	0.095 **	0.131 ***	0.166 ***
	(0.100)	(0.092)	(0.082)	(0.084)	(0.085)
企业年龄	0.290 ***	0.247 ***	0.100 **	0.120 ***	0.176 ***
	(0.041)	(0.037)	(0.035)	(0.034)	(0.034)
所有制形式	-0.208 ***	-0.186 ***	-0.076	-0.102 **	-0.125 **
	(0.030)	(0.027)	(0.024)	(0.024)	(0.024)
自变量					
合作创新行为默契		0.172 ***		0.063	0.103 ***
		(0.035)		(0.033)	(0.032)

续表

变量	知识共享				
	M1	M2	M3	M4	M5
创新网络规范共识		0.403 ***		0.255 ***	0.277 ***
		(0.039)		(0.038)	(0.038)
中介变量					
共同信任			0.368 ***	0.438 ***	
			(0.061)	(0.054)	
关系承诺			0.284 ***		0.388 ***
			(0.041)		(0.036)
关系嵌入			0.038		
			(0.033)		
R²	0.098	0.279	0.414	0.419	0.403
AR²	0.092	0.271	0.406	0.411	0.395
F	16.698	35.468	53.702	54.894	51.431

由表6-23可以看出，无论是总体样本，还是各去掉5%规模最大和5%规模最小的企业样本，各变量的系数符号、显著性基本保持一致。这就说明模型中我们所设定的集中重要因素对其的影响呈现出稳定效应，这相当程度上说明我们的研究结论是可靠的。

五、假设验证汇总及结果

（一）假设验证情况汇总

本书假设验证情况如表6-24所示。研究提出的21条假设中，有17条得到了支持，4条未取得支持。

表 6 – 24　假设验证结果

假设编号	假设内容	结果
假设 1	技术创新网络中，网络惯例对网络治理目标具有影响作用	
假设 1a	技术创新网络中，合作创新行为默契与创新网络稳定程度呈倒"U"形关系	支持
假设 1b	技术创新网络中，合作创新行为默契正向影响创新独占	支持
假设 1c	技术创新网络中，合作创新行为默契正向影响知识共享	支持
假设 1d	创新网络规范共识与创新网络稳定程度呈倒"U"形关系	支持
假设 1e	创新网络规范共识正向影响创新独占	支持
假设 1f	创新网络规范共识与知识共享呈倒"U"形关系	不支持
假设 2	技术创新网络中，网络惯例对组织间关系机制具有影响作用	
假设 2a	技术创新网络中，合作创新行为默契程度正向影响企业间共同信任	支持
假设 2b	技术创新网络中，合作创新行为默契程度正向影响企业间关系承诺	支持
假设 2c	技术创新网络中，合作创新行为默契程度负向影响企业间关系嵌入	不支持
假设 2d	创新网络规范共识正向影响企业间共同信任	支持
假设 2e	创新网络规范共识正向影响企业间关系承诺	支持
假设 2f	创新网络规范共识负向影响企业间关系嵌入	支持
假设 3	技术创新网络中，组织间关系机制对网络治理目标具有影响作用	
假设 3a	技术创新网络中，企业间共同信任正向影响网络稳定	支持
假设 3b	技术创新网络中，企业间共同信任正向影响网络创新独占	支持
假设 3c	技术创新网络中，企业间共同信任正向影响知识共享	支持
假设 3d	技术创新网络中，企业间关系承诺正向影响网络稳定性	支持
假设 3e	技术创新网络中，企业间关系承诺正向影响创新独占	支持
假设 3f	技术创新网络中，企业间关系承诺正向影响知识共享	支持
假设 3g	技术创新网络中，企业间关系嵌入正向影响网络稳定性	支持
假设 3h	技术创新网络中，企业间关系嵌入正向影响创新独占	不支持
假设 3i	技术创新网络中，企业间关系嵌入与知识共享呈倒"U"形关系	不支持

（二）结果分析

技术创新网络已经成为当今企业创新的主要形式，然而，技术创新网络是建立在知识基础上的复杂社会网络组织，合作创新组织的高失败率，合作创新组织的网络治理问题引起了学者们的高度关注。技术创新网络是合作创新组织间关系的集合这一特性决定了技术创新网络治理的本质是组织间的关系治理。学者与实践管理工作者日益认识到网络惯例在协调网络成员间合作行为的作用，认为网络组织的惯例是一种维持网络组织存在的内在力量和运作机制，也是保持网络组织内部成员间关系处于某种状态的一种特性（陈学光和徐金发，2006；Markus C. Becker，2005）。与此同时，学者们还结合网络惯例、组织间关系与网络治理三者的关系进行了一些理论研究。学者们认为网络惯例主要通过协调组织间关系提升网络效率（Gittell，2002；Lavie et al.，2012；Langlois & Robertson，1995）。然而，当前的相关研究还未对二者的关系进行深入的研究，尚未能将网络惯例不同维度对网络治理的影响机理进行清晰的阐述。

　　本书正是针对以上现状，在文献综述的基础上，从网络关系角度对网络惯例与网络治理目标的关系进行研究，构建了网络惯例—关系机制—网络治理目标的理论模型。根据孙永磊（2013）等学者的研究将网络惯例划分为合作创新行为默契和创新网络规范共识两个维度，关系机制划分为共同信任、关系承诺和关系嵌入三个维度，构建了相应的理论模型，并提出相应假设。结合相关理论，利用 AMOS 18.0、SPSS 16.0 等分析软件，设计量表，收集数据，采用逐步多元回归分析方法对假设进行了验证，得出了相关结论。下面对本书的结论进行总结并分析。

1. 网络惯例与网络治理目标

　　本书把网络惯例分为合作创新行为默契和创新网络规范共识两个维度，同时把网络治理目标分为网络稳定、创新独占和知识共享三个维度。研究结果显示在创新网络中适度的网络惯例加强了网络的稳定性，但过强或过弱的网络惯例都不利于网络的稳定发展。网络惯例有利于企业间创新独占水平的提高。在技术创新网络中，合作者之间一定程度稳定的合作创新行为有助于形成合作者稳定的行为预期，从而有助于组织成员对不确定性的规避和安全感的形成。共识是组织间协调必需的条件（Zheng Ping Wu & Zhi－Hong Guan，2007）。合作伙伴对态度的分享能使他们在没有沟通的条件下协同他们的任务和相应的行为（Cannon – Bower et al.，1993）。Rico 等（2008）基于理论的命题认为共识促进稳定和协调。同时，企业间经过长期的重复性互动逐步形成的合作惯例可使彼此形成对对方行为的稳定预期，作为一种制度安排可有效缓解企业的机会主义行为风险（Gulati），从而促进了企业间创新独占的提高。

研究结果还显示创新网络中网络惯例提高了企业间的知识共享。而在第三章的理论分析预期是创新网络规范共识与知识共享之间呈倒"U"形关系，与实证结果不一致。这可能的原因是本书选取截面数据进行验证，而企业在一定时期内与互补性知识源相联结，并不需要重组或寻求新的伙伴，因此创新网络规范共识是组织间知识共享的有力保证，并不存在过强的情况。创新网络规范共识与知识共享间的关系需要收集纵向数据做进一步的验证。同时，Dhanaraj（2004）的研究也认为，网络成员间的网络认同能够激励网络成员为了一个共同的目标参与开放式的共享知识，这与本书的实证结论相一致。

2. 网络惯例与关系机制

本书把关系机制分为共同信任、关系承诺和关系嵌入三个维度。研究结果显示网络惯例不同维度对关系机制的不同维度的影响各不相同。

研究结果显示，网络惯例的合作创新行为默契加强了企业间的共同信任，促进了企业间关系承诺，这与我们提出的假设相一致。反复行为模式通过关系持续预期影响信任。信任可能是团体频繁交易中由于学习的发生和持续关系预期而产生的（Zollo et al.，2002）。根据这种观点，信任是通过之前互动和经验随时间逐步建立起来的（Blau，1964；Gulati，1995）。合作伙伴间合作创新行为默契能够快速高效地解决合作过程中出现的协调问题，从而增加了合作者未来的合作意愿。同时，结果也显示创新网络规范共识提高了共同信任水平，促进了企业间关系承诺。合作伙伴间对共同规范的共识能够减少误解，以促进各方之间更加喜欢对方，更加容易信任对方，也越愿意在未来一段时间内维持这种合作关系，但却会降低关系嵌入。Shapira（2000）也认为在网络策略与行为、心智模式等方面，一致性认知往往被认为有利于推动人际及企业间合作。

但结论也显示合作创新行为默契与企业间关系嵌入关系并不显著，这与我们的理论假设不一致。至少有两种可能的解释：其一是网络内部的大企业主导作用（尤其是国有大企业的主导作用）较强，对网络组织间合作、网络关系以及网络发展具有一定程度的影响力，网络自发形成惯例对关系的影响力在大企业的主导作用下可能被弱化了，因此不显著。其二是企业间合作创新行为默契的统一增加了企业间的资源共享效率，企业间无须频繁的交流就能很好地完成共同的任务，因此影响了合作创新行为默契对关系嵌入的作用。这需要对分离关系嵌入的不同方面做进一步的验证。

3. 关系机制与网络治理目标

本书对利用 SPSS 软件，采用逐步多元回归分析方法对关系机制各维度与网络治理目标各维度的关系进行了验证，结果显示关系机制不同维度对网络治理目标的不同维度的影响各不相同。

技术创新网络中，企业间共同信任加强了网络稳定，促进了企业间的知识共享，同时提高了企业间创新独占水平；企业间关系承诺也有利于网络稳定的的加强，知识共享水平的提高和创新独占水平的提升；企业间关系嵌入也对网络稳定具有促进作用。

研究结论也显示，企业间关系嵌入与知识共享之间的关系并不显著，这与本书的预期二者之间呈倒"U"形关系并不一致。这可能的一种原因是企业间频繁的互动促进了企业间的协调与理解，从而促进了企业的共享水平，但如果企业间合作本身具有明确的规范或协调性，无须过密的交往就能获取到所需信息，因此这同样需要分离关系嵌入的不同方面做进一步的验证。另一种可能的原因是，企业与合作伙伴间同时存在着过强或过弱嵌入水平的状况，相互干扰使二者关系出现不显著的情况。

企业间关系嵌入对创新独占却没有显著的影响作用，可能的原因是市场经济主体的理性特征，理性的内涵在于"个体效应最大化"（汪丁丁和叶航，2004）。无论关系强弱与否，做出不违背正式契约的隐性机会主义行为不难理解。这样就减弱了关系嵌入对创新独占的作用，使二者关系不显著。

4. 关系机制的中介作用

本书利用 SPSS 和多元逐步回归分析模型对关系机制在网络惯例与网络治理目标关系中的中介作用进行了验证，研究结果显示关系机制不同维度的中介作用并不相同。具体如下：

首先，创新网络中网络惯例除直接影响网络治理目标外，还通过共同信任对网络治理目标起影响作用。一方面，创新网络中，企业间合作创新行为默契程度越统一，企业间就越可能建立相互信任的关系，随着企业间信任关系的建立，企业间会越愿意分享彼此的知识。而且由于企业间合作创新行为默契程度统一，在企业间建立起来的信任关系也减少了企业在创新过程和收入分配中的机会主义行为，从而保证网络中的创新独占水平。即创新网络惯例的合作创新行为默契程度通过企业间共同信任对创新独占和知识共享产生正向影响作用。另一方面，在技术创新网络中，企业间对合作规范的共同理解将会使企业间更紧密的合作与共同信任，从而使知识共享水平和企业间创新独占都有所提高。即创新网络惯例的创新网络规范共识通过企业间共同信任对创新独占和知识共享产生正向的影响作用。

其次，创新网络中关系承诺在网络惯例与网络治理目标关系中起到中介作用。一方面，创新网络中，企业间统一的合作创新行为默契程度增强了合作企业在未来继续合作的意愿，降低了企业间的机会主义行为，提高了企业间创新独占水平，增强了企业间知识分享意愿。即创新网络惯例的合作创新行为默契程度通过企业间关系承诺对创新独占和知识共享产生正向影响作用。另一方面，在技术创新网络中，企业间对合作规范的一致认识使企业对所有组织形成了特定的合作预期（朱伟民，2011），增加了合作伙伴的合作意愿，从而有利于实现网络治理目标。即创新网络的规范共识，通过企业间共同承诺作用于网络治理目标。

第七章　结论与展望

本部分是全书的总结，首先总结本书的结论和一些关键发现，其次根据本书的研究结论分析本书的理论研究进展和实务建议，最后分析了本书的限制和不足，以及未来的研究展望。

一、主要研究结论

本书共涉及 8 个变量，本章首先用 SPSS 16.0 对调查数据进行了相关性分析，对变量之间是否存在相互影响进行初步的检查，为后续的回归分析做好相关准备。其次对回归模型进行多重共线性、异方差和序列相关问题三大基本问题的检验。以确保回归模型不存在三大问题，回归分析的结果具有一定的可靠性和有效性。最后对数据进行了逐步多元回归分析，主要得到了以下研究结果：

第一，技术创新网络中，网络惯例主要包括合作创新行为默契与创新网络规范共识两个维度；关系机制主要包括共同信任、关系承诺和关系嵌入三个维度；技术创新网络治理目标主要包括网络稳定、创新独占和知识共享三个维度。

第二，技术创新网络中，适度的合作创新行为默契能够维持网络稳定，随着合作创新行为默契水平的提高，创新独占水平和企业间知识共享水平也将提高；适度的创新网络规范共识有助于维持网络稳定，随着创新网络规范共识水平的提高，创新独占和企业间知识共享水平也会提高。

第三，技术创新网络中，合作创新行为默契能够促进企业间共同信任、提高关系承诺水平。但是，结果显示，合作创新行为默契维与关系嵌入水平关系呈负向相关关系，虽然关系并不显著；创新网络规范共识有助于提高企业间共同信任、促进关系承诺水平但却降低了关系嵌入水平。

第四，技术创新网络中，企业间共同信任有利于维持网络稳定，提高创新独占水平和促进知识共享水平；企业间关系承诺有利于维持网络稳定，提高创新独占水平和促进企业间知识共享；企业间关系嵌入有利于维持网络稳定，但关系嵌入与创新独占之间的关系，关系嵌入和知识共享之间的关系却并不显著。

第五，技术创新网络中，关系机制在网络惯例与网络治理目标关系中的中介作用研究中，结果表明：技术创新网络中，企业间共同信任分别在合作创新行为默契与知识共享、合作创新行为默契与创新独占关系中起完全中介作用；企业间共同信任分别在创新网络规范共识与创新独占、知识共享关系中起部分中介作用。

企业间关系承诺分别在合作创新行为默契与知识共享关系中起部分中介作用，关系承诺在创新网络规范共识与创新独占和知识共享中起部分中介作用。

二、主要创新点

首先，界定了关系机制，并将关系机制划分为共同信任、关系承诺和关系嵌入三个维度。多数学者将关系机制作为单维度变量进行研究。虽然近年来学者们逐渐将关系机制作为一个多维变量进行考虑，但现有文献对关系机制的界定及维度划分，针对不同的研究对象，划分并不一致。本书通过文献整理将关系机制划分为共同信任、关系承诺和关系嵌入，为相关的研究奠定了基础。

其次，构建了网络惯例—关系机制—网络治理目标的关系模型并实证检验，根据实证检验结果，得出相关结论。在现有文献中，有部分学者发现网络惯例通过组织间关系对网络运行效率起作用,但是现有研究缺乏惯例在网络中的作用机制的针对性研究成果。在技术创新网络运行过程中,关系互动是网络中组织间的主要行为之一,组织间互动的顺利运行需要有效机制的保障。因此,在以往文献分析的基础上,本书构建了构建网络惯例—关系机制—网络治理目标的关系模型并实证检验。研究发现,技术创新网络中,企业间共同信任、关系承诺分别在网络惯例与创新独占和知识共享中起中介作用。

再次,厘清了网络惯例不同维度对网络治理目标的影响作用。学者们已经认识到网络惯例对网络治理的重要性,认为惯例有助于维持网络的稳定、组织间有效合作和知识共享等。但当前的相关研究还未对二者的关系进行深入的研究,尚未能将网络惯例不同维度对网络治理目标的影响进行清晰的阐述。本书在以往文献分析的基础上,将网络惯例划分为合作创新行为默契与创新网络规范共识两个维度,深入分析了网络惯例不同维度对网络治理目标的影响作用。研究发现,技术创新网络中,适度的合作创新行为默契能够维持网络稳定,随着合作创新行为默契水平的提高,创新独占水平和企业间知识共享也会提高;适度的创新网络规范共识有助于维持网络稳定,随着创新网络规范共识的提高,创新独占水平和促进企业间知识共享水平将会提高。

最后,从机制层面揭示了关系机制对网络治理目标的影响。现有研究已经开始认识到,对于技术创新网络这种高度松散的合作创新网络的有效治理,应建立在对于其组织间关系深入认识的基础之上。并有部分学者从机制层面对组织间关系与关系治理的关系进行了研究,但技术创新网络是一种特殊的组织形式,组织间关系的维持需要一个完整多维的机制保障。基于此,本书从共同信任、关系承诺和关系嵌入三个维度,深入分析组织间关系机制对网络治理目标的影响作用。研究发现,技术创新网络中,企业间共同信任能够促进网络稳定、创新独占和知识共享;企业间关系承诺有利于提高网络稳定、创新独占和知识共享;企业间关系嵌入有利于提高网络稳定和知识共享。

三、实践的启示

我国产业技术创新战略联盟构建和创新型国家战略的实施，需要强有力的技术创新成果的支撑。本书旨在紧密结合我国术创新组织管理实践，研究技术创新网络惯例对网络治理目标的作用机理，其对主要体现在以下三个方面：

（1）本书的研究有助于技术创新网络中合作伙伴间关系的协调。本书研究结论显示，研究结果显示网络惯例的合作创新行为默契加强了企业间的共同信任，促进了企业间关系承诺。同时，企业间创新网络规范共识有助于提高企业间共同信任、关系承诺和关系嵌入。因此，创新网络中的员企业应该共同协商，在反复互动中总结经验，发展共同的合作创新行为默契程度，提高企业之间的默契程度。同时，要通过积极地沟通和交流，对合作过程中既定的规范有清晰的认识，这样可以有效地避免和解决合作过程中可能存在的冲突与合作问题，提高企业间协作水平。

（2）技术创新网络惯例与网络治理目标的结论有助于管理者进行网络治理，提高技术创新网络绩效。本书研究结论显示，技术创新网络中，企业间合作创新行为默契能够促进网络稳定、创新独占和知识共享；创新网络规范共识有助于提高网络稳定、创新独占和知识共享。在参与技术创新网络的合作创新过程中，有远见的管理者应该通过网络惯例的营造，发挥惯例的积极作用，共同创造网络组织的合作氛围，带动网络知识交换和整合活动的开展，通过高绩效工作系统的塑造维护技术创新网络的有序运行，提升合作创新绩效。

（3）本书的结论有助于技术创新网络构建有助于提升组织间关系机制的网络惯例，从而实现网络治理目标，提高网络整体的创新绩效。本书研究结论显示关系机制在网络惯例与网络治理目标关系中起到中介作用。因此在技术创新网络合作过程中，网络成员企业需要基于从协调企业间关系为出发点，努力构建有利于解决合作问题，协调企业间合作关系的、共同的合作创新行为默契程度与规范，并对共同的合作规范有清晰的认识，应用惯例作用处理技术创新网络中的矛盾与冲突，提高企业间的合作预期，以减少协调问题、适应动态的技术环境，有利于维持网络稳定高效运行，促进网络中知识流动，保障技术创新网络中合作创新活动的有效实现，进而实现技术创新网络治理目标。

四、研究不足与研究展望

（一）研究局限

尽管本书基本达到了预期的研究目标，并且获得了一些重要的研究结论。但是，如同任何研究工作一样，本书受到一些主客观条件的限制，在有些方面还存在一定的局限性，需要在未来的研究中进一步深化和完善。总结和分析这些局限性，有利于今后进一步深入进行技术创新网络相关研究与企业成长相关研究。

首先，网络数据的收集存在局限性。网络数据收集技术主要有全网络数据收集技术或社会测量技术和自我中心网络数据收集技术两种（Rragans & McEvily，2003）。全网络数据收集技术为回答者提供一份固定的花名册，要求回答者描述企业与花名册中每一组织的联系特征。其优势在于能够收集整个网络所有节点的联系特征。但是这一数据收集技术存在如下两方面的缺陷。首先，恰当定义网络边界（即确定花名册）十分困难。其次，要求回答者对企业所处网络十分熟悉，而且回答十分麻烦且费时。使用这一技术收集组织间网络数据几乎是不可能完成的任务。自我中心网络数据收集技术要求回答者提名，并要求回答者逐一描述企业与被提名组织的联系特征，从而收集以企业为自我中心节点的网络数据。其优势在于数据收集较为方便，可操作性较强，但是这一数据收集也存在重要缺陷。使用这一技术要求回答者仅报告企业自我中心网络中最重要的联系节点，收集的网络数据并不能完整地反映企业的外部网络特征，用这种方法收集弱联系数据尤其存在问题，因为回答者一般报告最重要的创新伙伴的联系特征，企业与最重要创新伙伴之间的联系往往是强联系。本书采用第二种方法进行收集数据，尽管使用这种方法能够反映出本书所提变量之间的关系，但是使用其他数据收集技术收集网络数据再次检验本书的实证结果十分必要。

其次，受样本数量限制，本书尚未对技术创新网络样本的类别与差异特性做进一步细分研究。虽然本书所选的样本都来自现实中的技术性较强并有明显技术合作的行业或组织，而且样本企业既选择了高新技术企业，也选择了传统行业作为研究的对象，在一定程度上满足国内外学者以及本书对于技术创新网络的定义。但本书却难以在完全界定技术创新网络范围的基础上围绕某些特定的技术创新网络进行问卷发放，以结合特定技术创新网络的特点，更加明确、细致与准确地研究本书所提出的问题。上述这些探讨可以作为后续补充研究的内容。

最后，本书由于人力、物力及时间以及数据来源的限制，采用了横截面研究，所得出的结论本质上为变量间的相关关系，因此更为严谨的因果关系需要通过纵向研究（longitudinal study）进行分析。因为网络惯例是随着时间的推移，网络组织间逐渐形成并不断演化的，因此，收集纵向数据进行研究将会更准备地探讨网络惯例在网络治理中的作用。纵向研究一般需要多年的连续观察数据，因此，模型的纵向研究难以在攻读博士学位期间完成，只能寄希望于后续研究。

（二）研究展望

本书从关系视角研究了技术创新网络惯例在网络治理中的作用，构建了网络惯例—关系机制—网络治理目标的关系模型，并收集数据进行了实证检验并得出了一些相关结论，具有一定的创新性。在此过程中，本书也发现了一些值得更加深入探讨与分析的研究方向。

首先，网络惯例两个维度对网络治理的交互影响作用是未来一个有趣的研究方向。本书将技术创新网络惯例划分为创新合作行为默契程度和创新网络规范共识，从关系视角分别探讨了行为默契通过关系机制对网络治理目标的影响；创新网络规范共识通过关系机制对网络治理目标的影响。创新网络规范共识与合作创新行为默契程度是在合作过程中思想与行为的统一，因此二者在网络治理中应该存在交互作用。但本书如果探讨交互影响作用，可能会导致本书模型过于庞大和复杂，相互关系交织不清，而无法得到清晰的结论，因此二者在网络治理中的交互作用将是未来的一个研究方向。

其次，未来研究应引入环境动荡性的调节机制研究。环境动态性可细分为技术动荡和市场动荡。通常，市场越动荡，客户的需求和导向将发生重大改变，企业原有的技术已趋于成熟，必须引入新的、核心技术才能完成技术跨越和变迁。尝试环境动态性的调节机制，可能有助于更加深入的理解技术创新网络惯例对网络治理目标的动态影响。

最后，本书尝试结合技术创新网络的具体类型的相关特征，研究网络惯例对网络治理目标的影响作用。在国内外的一些关于网络特征的研究过程中，一般对网络进行级别上的划分，例如将客户、供应商和同行等企业划分为一级网络，科研院校、中介机构和政府部门等划分为二级网络，分别进行相关验证性研究。另外，网络结构，网络关系特征不同，网络惯例对网络治理的作用区别在本书中也并未进行细分。因此，未来有关网络惯例在网络治理中的作用研究可以在本书现有的研究基础上，结合网络具体类型的相关特征进行尝试。

综上所述，技术创新网络惯例、关系机制与网络治理目标之间的关系研究是一个崭新的、极具理论价值和现实意义的研究方向，在这个领域中还有许多丰富、有趣的议题有待探讨，值得在未来研究中深入钻研。

附录：调查问卷

尊敬的女士/先生：

　　您好！

　　非常感谢您在百忙之中抽出时间参与本次问卷调查！您看到的这份问卷，是一份学术性问卷，是国家自然科学基金项目的组成部分，它是由西安理工大学工商管理学院党兴华教授组织实施的。本问卷仅用于学术研究，不涉及任何商业用途，填写采用无记名方式，答案无对错之分。希望能够借助您在业界工作的经验，支持学术上的观点，您的真实想法就是对我们的莫大帮助。

　　我们郑重承诺，您对本问卷中的所有回答都将严格保密，我们郑重承诺绝对不会做有损贵公司与您个人利益的任何事，分析的结果将是结论性质的报告，不会泄露任何人的回答。本次调查的结果不会用于任何形式的个人表现评价，因此请您放心回答，并请提供真实有效的信息。

　　最后，请接受我们对您最诚挚的谢意，祝您及您的家人身体安康，万事顺心！

　　此致
敬礼！

西安理工大学经济与管理学院

　　填表说明：

　　1. 如果您收到的问卷是纸质版，那么请您在备选答案中，找出最符合贵公司情况的答案，并在相应的答案中打"√"；如果您收到的问卷是电子版，请您把相应的答案涂红即可。

2. 本问卷采用 5 级打分制，1～5 依次表示从"完全不同意"向"完全同意"过渡，其中 1 = 完全不同意，5 = 完全同意，您可根据对实际情况的判断选择相应的数字。

3. 若您在填写问卷中有任何疑问或不明白之处，欢迎随时与本人联系，电话、QQ、E - mail 或您认为方便的任何方式皆可。

联系人：常红锦
通信地址：西安理工大学曲江校区 1023#　　　邮编：710054

4. 如果您对本书结果感兴趣，请留下您的通信方式，届时我们会在研究完成后第一时间将研究结果发送给您，以供您参考。

一、基本资料

请您根据公司实际情况填写。若为选择项，请您在所选方框上打"√"或作任意标记以表示选择该选项。

1. 贵企业的资本规模为＿＿＿＿＿＿＿＿万元

2. 贵企业成立于＿＿＿＿＿＿＿年，您在贵企业工作已经有＿＿＿＿＿＿＿年

3. 公司性质属于：

□国有企业（含国有控股）　□民营企业（含民营控股）
□民营企业（含民营控股）　□中外合资企业
□外商独资企业　　　　　　□其他（请说明）

4. 公司主导业务所属行业为：

□电子通信　　□机械制造　　□生物医药　　□食品化工
□冶金能源　　□软件服务　　□其他（请说明）

5. 公司员工总数：

□100 人及以下　□101～500 人　□501～1000 人　□1001～3000 人
□3001 人及以上

6. 公司成立年限：

□3 年及以下　　□4～5 年　　　□6～10 年　　　□11～20 年
□21 年及以上

7. 您在贵企业的职务是：

□高层管理者　□中层管理者　□基层管理者　□普通职员
□其他（请说明）

8. 您的学历是：

□硕士及以上　□本科　　　　□大专　　　　□高中/中专
□初中及以下

二、相关问题选项

问题一：控制变量

对于以下问题，您的意见是：1 - 完全不同意；2 - 基本不同意；3 - 态度中立；4 - 基本同意；5 - 完全同意	完全不同意	基本不同意	态度中立	基本同意	完全同意
ZL1：本企业与伙伴企业的价值主张方面存在差异	1	2	3	4	5
ZL2：本企业与伙伴企业在市场上所关注的焦点方面存在差异	1	2	3	4	5
ZL2：本企业与伙伴企业的战略目标上存在差异					
WH1：本企业与伙伴企业在分层控制方面存在差异					
WH2：本企业与伙伴企业在权威决策方面存在差异					
WH3：本企业与伙伴企业在正式沟通方面存在差异					

问题二：网络惯例

对于以下问题，您的意见是：1 – 完全不同意；2 – 基本不同意；3 – 态度中立；4 – 基本同意；5 – 完全同意	完全不同意	基本不同意	态度中立	基本同意	完全同意
XW1：网络中通行的做法是我们合作创新过程中的重要参照	1	2	3	4	5
XW2：在合作过程中，我们有很多行为能够与所在网络的合作伙伴达成默契	1	2	3	4	5
XW3：在与所在网络的合作伙伴合作过程中有可理解的步骤、顺序或经验可以遵循	1	2	3	4	5
XW4：由于我们已经合作了很长时间，很多创新程序都变得不证自明	1	2	3	4	5
GS1：在与所在网络的合作伙伴合作过程中的工作任务不都是完全说明的，而是由一些"游戏规则"决定的	1	2	3	4	5
GS2：对合作中的"游戏规则"的理解和掌握是在与合作伙伴的交往与合作中逐渐深刻起来的	1	2	3	4	5
GS3：我们与所在网络的合作伙伴之间存在很多被大家都接受的隐性且固定的合作规范	1	2	3	4	5
GS4：网络发展过程中逐步形成的创新氛围对合作创新过程具有很强的约束力	1	2	3	4	5
GS5：我们与合作伙伴之间会定期沟通，能够认同和理解合作伙伴的创新方式选择	1	2	3	4	5
GS6：合作过程中遇到的一般状况的处理都是基于我们与合作伙伴达成的共识	1	2	3	4	5

问题三：关系机制

对于以下问题，您的意见是：1 – 完全不同意；2 – 基本不同意；3 – 态度中立；4 – 基本同意；5 – 完全同意	完全不同意	基本不同意	态度中立	基本同意	完全同意
XR1：本企业的伙伴企业非常守信	1	2	3	4	5
XR2：本企业对伙伴企业的能力有信心	1	2	3	4	5
XR3：合作方不利用机会主义获利	1	2	3	4	5
XR4：即使不检查，合作伙伴也能按其所允诺的完成其在合作中的任务	1	2	3	4	5
XR5：本企业与伙伴企业能够相互提供和分享完整、真实的信息	1	2	3	4	5
XR6：本企业与伙伴企业之间能够保持良好的沟通	1	2	3	4	5
CN1：本企业的伙伴愿意投入实现共同目标所需的资源、技术	1	2	3	4	5
CN2：本企业的伙伴会认真履行其在合作中的责任和义务	1	2	3	4	5
CN3：本企业的伙伴有较强的联盟合作意愿	1	2	3	4	5
CN4：本企业与伙伴企业有很好的冲突解决机制	1	2	3	4	5
CN5：本企业与伙伴企业都清楚地了解合作目的和意图	1	2	3	4	5
QR1：我们与对方经常在一起共同探讨、解决问题	1	2	3	4	5
QR2：合作企业能与本企业共同协作克服困难	1	2	3	4	5
QR3：我们与对方的合作关系持续时间一般都很长	1	2	3	4	5
QR4：合作交流中用到的技术知识，是与对方共同拥有的技术知识	1	2	3	4	5
QR5：合作企业能与本企业分享其未来的发展计划	1	2	3	4	5

问题四：治理目标

WD1：贵企业与所在网络合作伙伴的合作关系能够长期持续	1	2	3	4	5
WD2：只有和贵企业的伙伴共同努力才能实现共同的战略目标	1	2	3	4	5
WD3：贵企业与所在网络合作伙伴关系总体上是融洽的	1	2	3	4	5
WD4：更换合作伙伴对贵企业而言代价巨大	1	2	3	4	5
WD5：贵企业与合作伙伴不仅形成了良好的合作研发关系，也形成了良好的个人关系	1	2	3	4	5
GX1：贵企业与所在网络合作伙伴可以没有障碍地分享彼此的研发成果	1	2	3	4	5
GX2：贵企业的员工与网络合作伙伴的同事们经常在一起讨论问题	1	2	3	4	5
GX3：贵企业会将合作创新相关的工作内容备案，并提供给合作伙伴	1	2	3	4	5
GX4：贵企业非常热衷于与合作伙伴企业交流彼此的观点	1	2	3	4	5
GX5：贵企业和所在网络合作伙伴经常就技术问题进行讨论	1	2	3	4	5
GX6：与合作伙伴共享贵企业的知识对彼此都是有益的	1	2	3	4	5
DZ1：未经允许贵企业所在网络的合作伙伴不会获得过多的知识资源	1	2	3	4	5
DZ2：贵企业所在网络的合作伙伴不会试图在人际交往中探察合约以外的知识	1	2	3	4	5
DZ3：贵企业所在网络的合作伙伴不会采取许可之外的手段获取贵企业不愿意共享的知识	1	2	3	4	5

DZ4：将贵企业的关键技能和知识暴露给所在网络的合作伙伴不会造成将知识外泄给非网络成员的后果	1	2	3	4	5
DZ5：贵企业不担心所在网络的合作伙伴在知识分享上厚此薄彼	1	2	3	4	5
DZ6：贵企业所在网络的合作伙伴会按照彼此合作约定将其技能和知识转移给贵企业	1	2	3	4	5
DZ7：贵企业所在网络的合作伙伴不会刻意隐瞒某些研发事实真相	1	2	3	4	5
DZ8：贵企业很少与所在网络的合作伙伴间产生技术创新成果分享方面的争议	1	2	3	4	5
DZ9：贵企业所在网络的每一个合作伙伴均会自觉履行保密义务	1	2	3	4	5

参考文献

［1］ L. Y. Li. The Effects of Relationship Governance Mechanisms on Relationship Performance：How Do Relationship Learning Processes Matter ［J］. Journal of Marketing Channels，2007，14（3）：5－30.

［2］ D. Lavie，P. R. Haunschild，and P. Khanna. Organizational Differences，Relational Mechanisms，and Alliance Performance. Strategic Management Journal，2012，33（12）：1453－1479.

［3］ Paul S. Adler. Opportunism and Trust in Joint Venture Relationship：An Exploratory Study and Model ［J］. Organiation Science，2001，12（2）：215－234.

［4］ Morgan R. M.，Shelby D. H. The commitment－trust Theory of Relationship Marketing ［J］. Journal of Marketing，1994，58（3）：20－38.

［5］ Sharma N.，Patterson P. G. The Impact of Communication Effectiveness and Service Quality on Relationship Commitment in Consumer，Professional Services ［J］. Journal of Services Marketing，1999，13（2）：151－170.

［6］ Yang J.，Wandg J.，Wong C.，et al.. Relational Stability and Alliance Performance in Supply Chain ［J］. Omega，2008，36（4）：600－608.

［7］ Gunno Park and Jina Kang. Alliance Addiction：Do Alliances Create Real Benefits? ［J］. Creativity and Innovation Management，2013，22（1）：53－66.

［8］ 陈学光，徐金发. 网络组织及其惯例的形成——基于演化论

的视角［J］．中国工业经济，2006（4）：52－58．

［9］Markus C. Becker. A Framework for Applying Organizational Routines in Empirical Research：Linking Antecedents，Characteristics and Performance Outcomes of Recurrent Interaction Patterns. Industrial and Corporate Change，Advance Access published September 5，2005，14（5）：817－846．

［10］Gittell J.. Coordinating Mechanisms in Care Provider Groups：Relational Coordination as a Mediator and Input Uncertainty as a Moderator of Performance Effects［J］．Management Science，2002，48（11）：1408－1426．

［11］Gittell J. & Leigh Weiss. Coordination Networks Within and Across Organizations：A Multi－level Framework. Journal of Management Studies，2004，41（1）：127－153．

［12］Langlois R. N.，Robertson P. L.. Firms，Markets and Economic Change：A Dynamic Theory of Business Institutions［M］．Routledge London，1995．

［13］Lee Y.，Cavusgil T.. Enhancing Alliance Performance：The Effects of Contractual－based versus Relational－based Governance［J］．Journal of Business Research，2006，59（8）：896－905．

［14］Nelson R. R.，Winter S. G.. An Evolutionary Theory of Economic Change［M］．Cambridge：Harvard University Press，1982．

［15］Feldman M. S.，Pentland B. T.. Reconceptualizing Organizational Routines as a Source of Flexibility and Change［J］．Administrative Science Quarterly，2003，48（1）：94－118．

［16］Becker M. C.. Organizational Routines：A Review of the Literature［J］．Industrial and Corporate Change，2004，13（4）：643－678．

［17］高展军，李垣．组织惯例及其演进研究［J］．科研管理，2007，28（3）：142－147．

［18］Pentland B. T.，Feldman M. S. Designing Routines：On the Folly of Designing Artifacts，While Hoping for Patterns of Action［J］．Information and Organization，2008，18（4）：235－250．

［19］徐建平．组织惯例的演化机制与效能研究：基于学习视角 ［D］．浙江大学，2009.

［20］Pentland B. T. , Feldman M. S. , Becker M. C. , Liu P. . Dynamics of Organizational Routines：A Generative Model ［J］. Journal of Management Studies，2012，49（8）：1484 - 1508.

［21］王凤彬．组织层面学习与组织学习过程研究的新进展 ［J］. 经济理论与经济管理，2005（7）：63 - 68.

［22］Peng D. X. , Schroeder R. G. , Shah R. . Linking Routines to Operations Capabilities：A New Perspective ［J］. Journal of Operations Management，2008，26（6）：730 - 748.

［23］Chassang S. . Building routines：Learning, Cooperation, and the Dynamics of Incomplete Relational Contracts ［J］. The American Economic Review，2010，100（1）：448 - 465.

［24］Lazaric N. . Organizational Routines and Cognition：An Introduction to Empirical and Analytical Contributions ［J］. Journal of Institutional Economics，2011，7（2）：147 - 156.

［25］Cohendet P. , Llerena P. . Routines and Incentives：The Role of Communities in the Firm ［J］. Industrial and Corporate Change，2003，12（2）：271 - 297.

［26］Zollo M. , Reuer J. J. , Singh H. . Interorganizational Routines and Performance in Strategic Alliances ［J］. Organization Science，2002，13（6）：701 - 713.

［27］Pentland B. T. . Towards an Ecology of Inter - organizational Routines：A Conceptual Framework for the Analysis of Net - enabled Organizations ［C］. Hawaii：Proceedings of the 37th Hawaii International Conference on System Sciences，2004.

［28］Zott C. Dynamic Capabilities and the Emergence of Intraindustry Differential Firm Performance：Insights from a Simulation Study ［J］. Strategic Management Journal，2002，24（2）：97 - 125.

［29］郭京京．产业集群中技术学习策略对企业创新绩效的影响机制研究：技术学习惯例的中介效应 ［D］．浙江大学，2011（4）.

[30] 黄麒羽. 组织间资源交换系统与组织间惯例之适配性研究 [D]. 义守大学, 2009.

[31] 党兴华, 孙永磊. 技术创新网络位置对网络惯例的影响研究——以组织间信任为中介变量 [J]. 科研管理, 2013, 34 (4): 1-8.

[32] M. de Reuver, H. Bouwman. Governance Mechanisms for Mobile Service Innovation in Value Networks [J]. Journal of Business Research, 2012, 65 (3): 347-354.

[33] 刘婷, 刘益等. 交易机制与关系机制对营销渠道企业间合作的作用研究 [J]. 预测, 2009, 28 (4): 28-33.

[34] Larson, A. Partner Networks: Leveraging External Ties to Improve Entrepreneurial Performance [J]. Journal of Business Venturing, 1991, 6 (3): 173-188.

[35] Chang, C. Y. Study on the Influences of Knowledge Characteristics and Alliance Types on the Efficiency of Knowledge Transfer [D]. Working Paper, Graduate Institute of Business Administration, National Chengkung University, 2001.

[36] Hoffmann, S., Hoffmann, W. H., et al.. Success Factors of Strategic Alliances in Small and Medium - sized Enterprises: An Empirical Survey [J]. Long Range Planning, 2001, 34 (3): 357-362.

[37] Gulati, R., Gargiulo, M. Where do Network Come From? [J]. American Journal of Sociology, 1999 (104): 1439-1493.

[38] G. Rampersad, P. Quester, I. Troshani. Examining Network Factors: Commitment, Trust, Coordination and Harmony [J]. Journal of Business & Industrial Marketing, 2010, 25 (7): 487-500.

[39] B. F. Blumberg. Cooperation Contracts between Embedded Firms [J]. Organization Studies, 2001, 22 (5): 825-852.

[40] Woojin Yoon, Eunjung Hyun. Social and Institutional Conditions of Network Governance Network Governance in East Asia [J]. Management Decision, 2010, 48 (8): 1212-1229.

[41] E. Garcia - Canal et al.. Contractual form in Repeated Alliances

with the Same Partner：The Role of Inter – organizational Routines. Scandinavian Journal of Management，http：// dx. Doi. org/ 10. 1016/j. Scaman. 2013（6）：1 – 14.

［42］Marschollek O. ，Beck R. . Alignment of Divergent Organizational Cultures in IT Public – Private Partnerships ［J］. Business & Information Systems Engineering，2012，4（3）：153 – 162.

［43］Thorgren S. ，Wincent J. . Interorganizational Trust：Origins，Dysfunctions and Regulation of Rigidities ［J］. British Journal of Management，2011，22（1）：21 – 41.

［44］罗珉，徐宏玲. 组织间关系：价值界面与关系租金的获取［J］. 中国工业经济，2008，（1）：68.

［45］罗珉. 组织间关系理论最新研究视角探析［J］. 外国经济与管理. 2007，29（1）：25 – 32.

［46］Hagedoorn J. ，Frankort H. T. . The Gloomy Side of Embeddedness：The Effects of Overembeddedness on Inter – firm Partnership Formation ［J］. 2008（25）：503 – 530.

［47］K. Nicolopoulou. Towards a Theoretical Framework for Knowledge Transfer in the Field of CSR and Sustainability ［J］. Equality，Diversity and Inclusion：An International Journal，2011，30（6）：524 – 538.

［48］P. Gooderham，D. B. Minbaeva，T. Pedersen. Governance Mechanisms for the Promotion of Social Capital for Knowledge Transfer in Multinational Corporations ［J］. Journal of Management Studies，2011，48（1）：123 – 150.

［49］H. Svare，A. H. Gausdal. Network – based Innovation Brokering in SMEs—A Road to Build Regional Innovation Systems? ［C］. Lund，Sweden：Submitted to the International Seminar on Regional Innovation Policies：Constructing Sustainable Advantage for European Regions，2011.

［50］D. Malhotra，F. Lumineau. Trust and Collaboration in the Aftermath of Conflict：The Effects of Contract Structure ［J］. The Academy of Management Journal，2011，54（5）：981 – 998.

［51］A. Hjalmarsson，M. Lind. Challenges in Establishing Sustainable

Innovation ［C］. ECIS 2011 Proceedings, 2011.

［52］ G. Fang, Y. Pigneur. The Configuration and Performance of International Innovation Networks: Some Evidence from the Chinese Software Industry ［J］. International Journal of Learning and Intellectual Capital, 2010, 7 (2): 167 – 187.

［53］ E. Mueller. How to Manage Networks? The Role of Network Attributes and Incentives in Network Governance ［J］. International Journal of Entrepreneurship and Small Business, 2012, 15 (1): 57 – 75.

［54］ C. Bergenholtz, R. C. Goduscheit. An Examination of a Reciprocal Relationship between Network Governance and Network Structure ［J］. International Journal of Strategic Business Alliances, 2011, 2 (3): 171 – 188.

［55］ 彭正银. 网络治理理论探析 ［J］. 中国软科学, 2002, 13.

［56］ R. Keast, K. Hampson. Building Constructive Innovation Networks: Role of Relationship Management ［J］. Journal of Construction Engineering and Management, 2007, 133 (3): 364 – 371.

［57］ A. Karttinen, T. Jarvensivu, M. Tuominen. Managing Gerontechnological Innovation in Networks ［J］. International Journal of Technology Marketing, 2008, 3 (4): 392 – 402.

［58］ C. Dhanaraj, A. Parkhe. Orchestrating Innovation Networks［J］. The Academy of Management Review Archive, 2006, 31 (3): 659 – 669.

［59］ A. H. Gausdal, E. R. Nilsen. Orchestrating Innovative Networks. The Case of "HealthInnovation" ［J］. Journal of Knowledge Economy Forthcoming, 2011, 34 (3): 56 – 78.

［60］ Chen J. S., Tsou H. T., Ching R. K.. Co – production and Its Effects on Service Innovation ［J］. Industrial Marketing Management, 2011, 40 (8): 1331 – 1346.

［61］ Eisingerich A. B., Rubera G., Seifert M.. Managing Service Innovation and Interorganizational Relationships for Firm Performance To Commit orDiversify? ［J］. Journal of Service Research, 2009, 11 (4):

344 – 356.

［62］ Mattsson L. G. , Salmi A. . The Changing Role of Personal Net-Works during Russian Transformation: Challenges for Russian Management ［J］. Journal of Business & Industrial Marketing, 2013, 28 (3): 190 – 200.

［63］ Moser P. , Voena A. . Compulsory Licensing: Evidence from the Trading with the Enemy Act ［J］. American Economic Review, 2012, 102 (1): 396 – 427.

［64］ 白鸥, 刘洋. 服务业创新网络治理研究述评与展望 ［J］. 外国经济与管理, 2012, 34 (7): 69 – 74.

［65］ Clifton N. , Keast R. , Pickernell D. , Senior M. . Network Structure, Knowledge Governance, and Firm Performance: Evidence from Innovation Networks and SMEs in the UK ［J］. Growth and Change, 2010, 41 (3): 337 – 373.

［66］ Ritala P. , Armila L. , Blomqvist K. . Innovation Orchestration Capability: Defining the Organizational and Individual Level Determinants ［J］. International Journal of Innovation Management, 2009, 13 (4): 569 – 591.

［67］ Claro, D. P. , Hagelaar, G. and Omta, O. . The Determinants of Relational Governance and Performance: How to Manage Business Relationships? ［J］. Industrial Marketing Management, 2003, 32 (8): 703 – 716.

［68］ Eng. T. Y. & Wong. V. . Governance Mechanisms and Relationship Productivity in Vertical Coordination for New Product Development ［J］. Technovation, 2006, 26 (7): 761 – 769.

［69］ Luo, Y. D. . Opportunism in Inter – firm Exchanges in Emerging Markets ［J］. Management and Organization Review, 2006, 2 (1): 121 – 147.

［70］ Jao – Hong Cheng, Chung – Hsing Yeh. Trust and Knowledge Sharing in Green Supply Chains ［J］. Supply Chain Management: An International Journal 13/4 (2008): 283 – 295.

［71］Danny Pimentel Claro, Priscila Borin de Oliveira. Networking and Developing Collaborative Relationships：Evidence of the Auto – part Industry of Brazil ［J］. Journal of Business & Industrial Marketing, 2011, 26（7）：514 – 523.

［72］Yang J. , Wang J. et al. . Relational Stability and Alliance Performance in Supply Chain ［J］. Omega, 2008, 36（4）：600 – 608.

［73］Barney, J. B. , & Hansen, M. H. Trustworthiness as a Source of Competitive Advantage ［J］. Strategic Management Journal, 1994, 15（Special Issue）：175 – 190.

［74］Dyer, J H. , Kale, P. Relational Capabilities. Drivers and Implications. Constance E. Helfat, et al. . （Eds. ）：Dynamic Capabilities. Understanding Strategic Change in Organizations. Malden ［M］. MA：Blackwell Pub. , 2007：65 – 79.

［75］Leiponen, A. , Helfat, C. . Innovation Objectives, Knowledge Sources, and the Benefits of Breadth ［J］. Strategic Management Journal, 2010, 31（2）：224 – 236.

［76］J. J. Li, L. Poppo, and K. Z. Zhou. Relational Mechanisms, Formal Contracts, and Local Knowledge Acquisition by International Subsidiaries ［J］. Strategic Management Journal, 2010, 31：349 – 370.

［77］Y. Liu, Y Luo et al. . Governing Buyer – supplier Relationships through Transactional and Relational Mechanisms：Evidence from China ［J］. Journal of Operations Management, 2009, 27：294 – 309.

［78］李瑶，刘益等. 不同治理机制对联盟中显性知识和隐性知识转移的影响研究 ［J］. 情报杂志, 2010, 29（11）：106 – 109.

［79］李瑶，刘婷. 治理机制的使用与分销商知识转移——环境不确定性的调节作用研究 ［J］. 科学学研究 . 2011, 29（12）：1845 – 1852.

［80］Gulati R. , Wohlgezogen F. , Zhelyazkov P. . The Two Facets of Collaboration：Cooperation and Coordination in Strategic Alliances ［J］. The Academy of Management Annals, 2012, 6（1）：531 – 583.

［81］Leonardi P. . When Flexible Routines Meet Flexible Technologies：Affordance，Constraint，and the In Brication of Human and Material Agencies［J］. Mis Quarterly，2011，35（1）：147 – 167.

［82］Labatut J.，Aggeri F.，Girard N.. Discipline and Change：How Technologies and Organizational Routines Interact in New Practice Creation［J］. Organization Studies，2012，33（1）：39 – 69.

［83］Heimeriks K. H.，Schijven M.，Gates S.. Manifestations of Higher – order Routines：The Underlying Mechanisms of Deliberate Learning in the Context of Postacquisition Integration［J］. Academy of Management Journal，2012，55（3）：703 – 726.

［84］Gambardella A.. A Hegelian Dialogue on the Micro – foundations of Organizational Routines and Capabilities［J］. European Management Review，2012，9（4）：171.

［85］Ding M. J.，Kam B. H.，Lalwani C. S.. Operational Routines and Supply Chain Competencies of Chinese Logistics Service Providers［J］. The International Journal of Logistics Management，2012，23（3）：383 – 407.

［86］Nonaka I.，Von Krogh G.. Perspective – tacit Knowledge and Knowledge Conversion：Controversy and Advancement in Organizational Knowledge Creation Theory［J］. Organization Science，2009，20（3）：635 – 652.

［87］Witt U.. Emergence and Functionality of Organizational Routines：An Individualistic Approach［J］. Journal of Institutional Economics，2011，7（2）：157 – 174.

［88］王凤彬，刘松博. 联想集团"波形"轨迹下的组织演变："试误式学习"惯例与组织可塑性的交互作用［J］. 中国工业经济，2012，（3）：121 – 133.

［89］Szulanski G.，Winter S.. Getting It Right the Second Time［J］. Harvard Business Review，2002，80（1）：62 – 69.

［90］Jensen S. H.，Poulfelt F.，Kraus S.. Managerial Routines in Professional Service Firms：Transforming Knowledge into Competitive Advantages［J］. The Service Industries Journal，2010，30（12）：

2045 – 2062.

　　[91] Garud R. , Kumaraswamy A. , Karnøe P. . Path Dependence or Path Creation? [J] . Journal of Management Studies, 2009, 47 (4): 760 – 774.

　　[92] Blume A. , Franco A. M. , Heidhues P. . Dynamic Coordination via Organizational Routines [J] . European School of Management and Technology, 2011, (9): 1 – 59.

　　[93] Turner S. F. , Rindova V. . A Balancing Act: How Organizations Pursue Consistency in Routine Functioning in the Face of Ongoing Change[J]. Organization Science, 2012, 23 (1): 24 – 46.

　　[94] Lewin A. Y. , Massini S. , Peeters C. . Microfoundations of Internal and External Absorptive Capacity Routines [J] . Organization Science, 2011, 22 (1): 81 – 98.

　　[95] Friesl M. , Larty J. Replication of Routines in Organizations: Existing Literature and New Perspectives [J] . International Journal of Management Reviews, 2012, 15 (1): 106 – 122.

　　[96] Joshi, A. W. and Stump, R. L. . Determinants of Commitment and Opportunism: Integrating and Extending Insights from Transaction Cost Analysis and Relational Exchange Theory [J] . Canadian Journal of Administrative Sciences, 1999, 16 (4): 334 – 352.

　　[97] Xumei Zhang, Wei Chen, Jie Tong and Xiangyu Liu. Relational Mechanisms, Market Contracts and Cross – enterprise Knowledge Trading in the Supply Chain [J] . Chinese Management Studies, 2012, 6 (3): 488 – 508.

　　[98] Wathne K. H. , H. eide J. B. Opportunism in Interfirm Relationships: Forms, Outcomes, and Solutions [J] . Journal of Marketing, 2000, 64 (4): 36 – 51.

　　[99] Rodan, S. & Galunic, C. More than Network Structure: How Knowledge Heterogeneity Influences Managerial Performance and Innovativeness [J] . Strategic Management Journal, 2004, 25 (6): 541 – 562.

　　[100] Narula, R. . Innovation Systems and "inertia" in R&D Loca-

tion: Norwegian Firms and the Role of Systemic Lock – in [J]. Research Policy, 2002, 31 (5): 795 – 816.

[101] Pisano, G. P.. Using Equity Participation to Support Exchange: Evidence from the Biotechnology Industry [J]. Journal of law, Economics and Organization, 1989, 5 (1): 109 – 126.

[102] E. Todeva, D. Knoke. Strategic Alliances and Models of Collaboration [J]. Management Decision, 2005, 43 (1): 123 – 148.

[103] Villena V. H., Revilla E., Choi T Y. The Dark Side of Buyer – Supplier Relationships: A Social Capital Perspective [J]. Journal of Operations Management, 2011, 29 (6): 561 – 576.

[104] Fang E. The Effect of Strategic Alliance Knowledge Complementarity on New Product Innovativeness in China [J]. Organization Science, 2011, 22 (1): 158 – 172.

[105] Huber, G. P.. Organizational Learning: The Contributing Process and the Literature [J]. Organization Science, 1991, 2 (1): 88 – 115.

[106] Henry R. Improving Group Judgment Accuracy: Information Sharing and Determining the Best Member [J]. Organizational Behaviorand Human Decision Processes, 1995, 62: 190 – 197.

[107] Villena V. H., Revilla E., Choi T. Y.. The Dark Side of Buyer – supplier Relationships: A Social Capital Perspective [J]. Journal of Operations Management, 2011, 29 (6): 561 – 576.

[108] Bendoly E., Croson R., Goncalves P., et al.. Bodies of Knowledge for Research in Behavioral Operations [J]. Production and Operations Management, 2010, 19 (4): 434 – 452.

[109] Fang E. The Effect of Strategic Alliance Knowledge Complementarity on New Product Innovativeness in China [J]. Organization Science, 2011, 22 (1): 158 – 172.

[110] Doz Y., Santos J. F. P.. On the Management of Knowledge: From the Transparency of Collocation and Co – setting to the Quandary of Dispersion and Differentiation [A]. Insead Working Paper Series [C]. 97/ 119/ SM. Fontainbleau, 1997.

[111] Cohen W. M. and Levinthal D. A. Absorptive Capacity: A New Perspective on Learning and Innovation [J]. Administrative Science Quarterly, 1990 (35): 128-152.

[112] Nahaplet J., Ghoshal S.. Social Capital, Intellectual Capital and The Organizational Advantage [J]. The Academy of Management Review, 1998 (25): 242-266.

[113] Yi Liu, Yadong Luo. Governing Buyer - supplier Relationships through Transactional and Relational Mechanisms: Evidence from China [J]. Journal of Operations Management, 2009, 27 (4): 294-309.

[114] Brian T. Pentland. Towards an Ecology of Inter - organizational Routines: A Conceptual Framework for the Analysis of Net - enabled Organizations [C]. Proceedings of the 37th Hawaii International Conference on System Sciences, 2004.

[115] Rodriguez C. M. Emergence of a Third Culture: Shared Leadership in International Strategic Alliances [J]. International Marketing Review, 2005, 22 (1): 67-95.

[116] Zaheer A., McEvily B., Perrone V. Does Trust Matter? Exploring the Effects of Interorganizational and Interpersonal Trust on Performance [J]. Organization Science, 1998, 9 (2): 141-159.

[117] Grant, R., Toward a Knowledge - based Theory of the Firm [J]. Strategic Management Journal, 1996 (17): 109-122.

[118] B. B. Nielsen and S. Nielsen. Learning and Innovation in International Strategic Alliances: An Empirical Test of the Role of Trust and Tacitness [J]. Journal of Management Studies September, 2009, 46 (6): 1031-1056.

[119] Håkansson & Snehota, 1995. Developing Relationships in Business Networks, Routledge, London.

[120] Min, S., Roath, A. S., Daugherty, P. J., Genchev, S. E., Chen, H., Arndt, A. D., Richey, G. R.. Supply Chain Collaboration: What Is Happening? Internationa Journal of Logistics Management, 2005, 16 (2): 237-256.

[121] Laura Poppo, Kevin Zheng Zhou, Sungmin Ryu. Alternative Origins to Interorganizational Trust: An Interdependence Perspective on the Shadow of the Past and the Shadow of the Future. Organization Science, 2008, 19 (1): 39 – 55.

[122] Cyert, R. M. and J. G. March (1963/1992), A Behavioral Theory of the Firm. Blackwell: Oxford.

[123] Simon, H. A. (1947/1997), Administrative Behaviour. The Free Press: New York.

[124] Krause, D. R. , T. V. Scannell and R. J. Calantone. A Structural Analysis of the Effectiveness of Buying Firms' Strategies to Improve Supplier Performance. Decision Sciences, 2000, 31 (1): 33 – 55.

[125] Macneil, Ian R. The New Social Contract [M] . New Haven, CT: Yale University Press.

[126] Jansen, J. , VanDenBosch, F. and Volberda, H. W. Managing Potential and Realized Absorptive Capacity: How Do Organizational Antecedents matter? [J] . Academy of Management Journal 2005, 48 (6): 999 – 1015.

[127] Robert F, Dwyer, et al. . Developing Buyer – seller Relationships [J] Journal of Marketing, 1987, 51 (4): 11 – 27.

[128] Mohammed S. , Dumville B. C. . Team Mental Models in a Team Knowledge Framework: Expanding Theory and Measurement across Disciplinary Boundaries [J] . Journal of Organizational Behavior, 2001 (22): 89 – 106.

[129] Moreland RL. 2000. Transactive Memory: Learning Who Knows What in Work Groups and Organizations. In Shared Cognition in Organizations: The Management of Knowledge, Thompson L. , Messick D. , Levine J. (eds). Lawrence Erlbaum Associates: Hillsdale, NJ: 3 – 31.

[130] Blickensderfer, E. , Cannon – Bowers, J. A. & Salas, E. Assessing Team Shared Knowledge: A Field Test and Implication for Team Training. Paper presented at the 42nd Annual Meeting of the Human Factors and Ergonomic Society, Chicago, IL, 1998.

［131］Anderson, E. , Weitz, B. The Use of Pledges to Build and Sustain Commitment in Distribution Channels ［J］. Journal of Marketing Research, 1992, 29（1）: 18 – 34.

［132］Dyer J. H. , Chu Wujin. The Role of Trustworthiness in Reducing Transaction Costs and Improving Performance: Empirical Evidence Fromthe United States, Japan, and Korea ［J］. Organization Science, 2003, 14（1）: 57 – 68.

［133］Flint, D. J. , Woodruff, R. B. , & Gardial, S. F.. Exploring the Phenomenon of Customers' Desired Value Change in a Business – to – business Context ［J］. Journal of Marketing, 2002（66）: 102 – 117.

［134］Mohr, J. J. , Robert J. Fisher, & John R. Nevin. Collaborative Communication in Interfirm Relationships: Moderating Effects of Integration and Control ［J］. Journal of Marketing, 1996, 60（6）: 103 – 115.

［135］Blickensderfer E. , Salas E. , Baker D. P. Cannon – Bowers J. A. , When the Teams Came Marching Home. Work Teams: Past, Present and Future ［J］. Social Indicators Research Series, 2000（6）: 255 – 273.

［136］艾上钢. 供应链嵌入型结构及合作关系研究 ［D］. 武汉理工大学博士学位论文, 2005.

［137］Terawatanavong C. , Quazi A. Conceptua Lising the Link between National Cultural Dimensions and B2B Relationships ［J］. Asia Pacific Journal of Marketing and Logistics, 2006, 18（3）: 173 – 183.

［138］Jantunen A. Knowledge – processing Capabilities and Innovative Performance: An Empirical Study ［J］. European Journal of Innovation Management, 2005, 8（3）: 336 – 349.

［139］Cupuldo. Network Structure and Innovation: The Leveraging of Dual Network us a Distinctive Relational Capability ［J］. Strategic Management Journal, 2007（28）: 585 – 608.

［140］Mari Sako. Susan Helper. Determinants of Trust in Supplier Relations: Evidence from the Automotive Industry in Japan and the United States ［J］. Journal of Economic Behavior & Organization, 1998（34）:

387 - 417.

［141］ W. Chan Kim, Renée Mauborgne. Procedural Justice, Strategic Decision Making, and the Knowledge Economy ［J］. Strategic Management Journal, 1998：323 - 338.

［142］ Inkpen A. C., Ross J. Why Do Some Strategic Alliances Persist beyond Their Useful Life? ［J］. California Management Review, 2001, 44 (1)：132 - 148.

［143］ 龚毅, 谢恩. 战略联盟控制研究综述 ［J］. 预测, 2005, 24 (1)：7 - 13.

［144］ Riddalls S. C. E., Bennett S., et al.. Modelling the Dynamics of Supply Chains ［J］. International Journal of Systems Science, 2000, 31 (8)：969 - 976.

［145］ Hagel J., Singer M. Unbnndling the Corporation ［J］. Harvard Business Review, 1999, 77 (2)：133 - 141.

［146］ Kolekofshi, K., Heminger A. R. Beliefs and Attitudes Effecting Intentions to Share Information in an Organizational Setting ［J］. Information and Management, 2003, 40：521 - 532.

［147］ Dhanaraj C., Lyles M. A., Steensma H. K., Tihanyi L. Managing Tacit and Explicit Knowledge Transfer in IJVs：The Role of Relational Embeddedness and the Impact on Performance ［J］. Journal of International Business Studies, 2004, 35 (5)：428 - 442.

［148］ McEvily B., Marcus A. 2005. Embedded Ties and the Acquisition of Competitive Capabilities ［J］. Strategic Management Journal, 26 (11)：1033 - 1055.

［149］ J. S. Coleman. Foundations of Social Theory ［M］. Cambridge, Harvard University Press, 1994.

［150］ Granovetter, M., and Sw edberg, R. The Sociology of Economiclife ［M］. Boulder：West view, 1992.

［151］ Rowley. T., Beherns, D. & Krachardt D. Redundant Governance Structures：An Analysis of Structural and Relational Embeddedness in the steel and Semiconductor Industries ［J］. Strategic Management Journal,

2000, 21 (3): 369 – 386.

[152] Larson A. Network Dyads in Entrepreneurial Settings: A Study of the Governance of Exchange Processes [J]. Administrative Science Quarterly, 1992 (37): 76 – 104.

[153] Hansen M. T.. The Search Transfer Problem: The Role of Weakties in Sharing Knowledge across Organization Subunits [J]. Administrative Science Quarterly, 1999 (44): 82 – 111.

[154] Coleman J. S.. Social Capital in the Creation of Human Capital [J]. American Journal of Sociology, 1988 (94): 95 – 120.

[155] Uzzi, B. Embeddedness in the Making of Financial Capital: How Social Relations and Networks Benefit Firms Seeking Financing [J]. Ameriean Sociological Review, 1999 (64): 481 – 505.

[156] Hakansson, H., & Waluszewski, A. Path Dependenee: Restricting or Facilitating Technical Development? [J]. Journal of Business Research, 2002, 55 (8): 561 – 570.

[157] Slotegraaf R. J., Atuahene – Gima K.. Product Development Team Stability and New Product Advantage: The Role of Decision – making Processes [J]. Journal of Marketing, 2011, 75 (1): 96 – 108.

[158] Berdie D. R. Reassessing the Value of High Response Rates to Mail Surveys [J]. Marketing Research, 1994, 1 (3): 52 – 60.

[159] T. K. Das, B. S. Teng. Instabilities of Strategic Alliances: An Internal Tensions Perspective [J]. Organization science, 2000, 11 (1): 77 – 101.

[160] 杨燕, 高山行. 联盟稳定性, 伙伴知识保护与中心企业的知识获取 [J]. 科研管理, 2012, 33 (8): 80 – 89.

[161] 谢永平, 党兴华, 张浩淼. 核心企业与创新网络治理 [J]. 经济管理, 2012 (3): 60 – 68.

[162] S. Abdul Wahab, R. Che Rose, J. Uli, et al.. A. Review on the Technology Transfer Models, Knowledge – based and Organizational Learning Models on Technology Transfer [J]. European Journal of Social Sciences, 2009, 10 (4): 550 – 564.

［163］ Nooteboom B. A Logic of Multi – level Change of Routines ［M］. Tilburg University, 2005.

［164］ Garcia – Morales V. J. , Lorens – Montes F. J. , Verrd Joverdu – Jover A. J. The Effect of Transformantional Leadership on Organizational Performance through Knowledge and Innovation ［J］. British Journal of Management, 2008, 19 (4): 299 – 319.

［165］ 常红锦, 党兴华, 仵永恒. 组织间差异、关系机制的关系研究 ［J］. 中国科技论坛, 2013 (7): 92 – 98.

［166］ 潘文安, 张红. 供应链伙伴间的信任、承诺对合作绩效的影响 ［J］. 心理科学, 2006, 29 (6): 1502 – 1506.

［167］ Uzzi, J. & Gilles Pie, J. Knowledges Pillover in Corporate Financing Networks: Embeddedness and the Firm, Debt Performance ［J］. Strategic Management Journal, 2002, 23 (7): 595 – 618.

［168］ Gulati, R. & Sytch, M. Dependence Asymmetry and Joint Dependence in Interorganizational Relationships: Effects of Embeddedness on a Manufaeturer's Performance in Procurement Relationships ［J］. Administrative Science Quarterly, 2007, 52 (1), 32 – 69.

［169］ Andersson, Forsgren & Holm. The Strategic Impact of External Networks: Subsidiary Performance and Competence Development in the Multinational Corporation ［J］. Strategic Management Journal, 2002, 23 (11): 979 – 996.

［170］ W. W. Powell, K. W. Koput, L. Smith – Doerr. Interorganizational Collaboration and the Locus of Innovation: Networks of Learning in Biotechnology ［J］. Administrative Science Quarterly, 1996, 41 (3): 116 – 145.

［171］ G. Ahuja. Collaboration Networks, Structural Holes, and Innovation: A Longitudinal Study ［J］. Administrative Science Quarterly, 2000, 45 (3): 425 – 455.

［172］ 黄芳铭. 结构方程模式: 理论与应用 ［M］. 北京: 中国税务出版社, 2005.

［173］ 熊伟, 奉小斌. 基于企业特征变量的质量管理实践与绩效

关系的实证研究［J］. 浙江大学学报（人文社会科学版），2012，42（1），188 – 200.

　　［174］Podsakoff，P. M. & D. W. Organ. Self – reports in Organizational Research：Problems and Prospects ［J］. Journal of Management，1986，12（4）：531 – 544.

　　［175］Fowler，F. J. Survey Research Methods. Newbury Park，CA：Sage Publications Inc.，2002.

　　［176］陶懿. 研发团队行为整合与团队创新［D］. 浙江大学，2011.

　　［177］王庆喜. 企业资源与竞争优势：基于浙江民营制造业企业的理论与经验研究［D］. 浙江大学博士学位论文，2004.

　　［178］季晓芬. 团队沟通对团队知识共享的作用机制研究［D］. 浙江大学博士学位论文，2008.

　　［179］Harmon，H. H. Modern Factor Analysis ［M］. Chicago：The Univesity of Chicago Press，1967.

　　［180］奉小斌. 质量改进团队跨界行为及其作用机制研究. 浙江大学博士学位论文，2012.

　　［181］Zheng Ping Wu，Zhihong Guan，Xianyong Wu. Consensus Problem in Multi – agent Systems with Physical Position Neighbourhood Evolving Network. Physica A 379，2007：681 – 690.

　　［182］汪丁丁，叶航. 理性的演化——关于经济学“理性主义”的对话［J］. 社会科学战线，2004（2）：49 – 66.

　　［183］朱伟民. 组织惯例的内涵、特征及作用研究［J］. 商业研究，2011（407）：41 – 48.

作者攻读博士学位期间的研究成果

论文：

1. 党兴华，常红锦．网络位置、地理邻近性与企业创新绩效〔J〕．科研管理，2013，34（3）：7 - 13.

2. 常红锦，党兴华，史永立．网络嵌入性与成员退出：基于创新网络的分析〔J〕．研究与发展管理，2013，25（4）：30 - 40.

3. 常红锦，党兴华，仵永恒．组织间差异、关系机制的关系研究〔J〕．中国科技论坛，2013（7）：92 - 98.

4. 常红锦，仵永恒．网络异质性、网络密度与企业创新绩效——基于知识资源视角〔J〕．财经论丛，2013（6）：83 - 88.

5. Chang Hongjin. Establish Evaluation Model of Enterprise Credit Based on the Balanced Scorecard, Advances in Management of Technology Proceeding of The 5th International Conference on Management of Technology Taiyuan（2010），2010（8）：306 - 310.

参加的科研项目：

1. 参加国家自然科学基金"技术创新网络惯例形成及在网络治理中的作用机理研究"（71372171），主要参与人。

2. 参加国家自然科学基金"基于知识权力的技术创新网络治理机理及实现研究"（70972052），参与人。

后 记

完成本书，没有预想中的欣喜若狂，也没有预想中的手舞足蹈，有的只是全身抽空般的轻松和万千思绪。多少个身体累到极限却不甘罢休的挣扎，多少个拒绝亲戚要求却心存不忍的矛盾，多少个推托应酬却心怀忐忑的无奈，多少个无情赶走孩子纠缠却无比内疚的纠结，多少个屏蔽外面美丽风景诱惑后的遗憾，个中滋味，只可意会而无法言传。五年，一段漫长的岁月，五年中的那些人，那些事，有亏欠，有内疚，更多的是感动……

首先要感谢我的导师党兴华教授，五年前有幸来到党老师的门下，恩师渊博的学识、严谨的学术态度、活跃的学术思想、勤奋的工作作风以及对生活细致的观察和联想深深震撼了我，让我终身受益。最让我感动的是在我这五年学习生涯中，家里的事情一件接着一件，五年内三件丧事，事情本身以及由这些事带来的负面效果严重地影响了我的博士学习，甚至无心再过问学习的事。就在这样的状态下，每每不能如期完成课题任务，不能如期参加课题会时，老师虽然对我有督促，但更多的是对我的理解与包容。我每有一小点进步，老师都会将其放大，给我最大限度的鼓励与悉心指导。没有老师的理解与包容，这五年我可能会过得更痛苦、更难受，没有老师的督促与鼓励，我可能到现在还远远地落在后面，无法达到毕业条件，更无法完成本书。在此，我想给我的恩师深深地鞠一个躬，感谢您！

感谢我的硕士导师张所地教授，是张老师带领我走上学术的道路，张老师学识渊博、严谨思辨，让我受益终生。毕业后，张老师一直对我的学习、工作和生活密切关注，对我一些偏颇想法或做法会毫不客气地提出批评，并尽力引导与帮助。张老师对我严父般的关爱和教诲，让我一生感动，一生受用。

感谢我的同级同门董建卫和王方，无论在学习上还是生活上，他们都给了我这个外地同门最大的帮助。本书写作期间，董建卫不厌其烦地帮我修改，一字一句地为我把关，王方也给我最中肯的意见，本书也凝聚了他们的心血与汗水。每次我去西安，他们都变着法儿照顾我，保证我生活无忧，尤其在我痛失亲人之后，王方忙里偷闲带我出去散心……每每回想，都感觉特温暖、特幸福，有你们陪伴真好，感谢你们！

感谢同门谢永平、李玲、张巍、石乘齐，在我课题的选题及本书的写作过程中，他们不辞辛苦，给了我最大的帮助与指导。感谢蔡俊雅、李大军、段发明、刘景东、孙永磊、刘立、辛德强、肖瑶、成泷等，在论文写作过程中给了我最大的帮助。感谢已毕业的赵璟、贾卫峰和郑登攀，在前期的学习过程中对我的引导与帮助。感谢同门弓志刚，吉迎东给我学习和生活中的帮助。感谢吴红超师弟给我生活上的帮助。感谢所有与我并肩作战的提到和未提到的同门，你们给我的帮助我将铭记一生。

感谢我年迈的父母给我精神上的支持，父亲生前最大的夙愿就是看着我毕业，可惜不争气的不孝女在老父撒手西去的那一刻也未能把本书呈上，这成为老父生前的未了心愿，成为我一生的遗憾与歉疚。希望我能用本书给故去的老父和85岁的老母亲些许安慰！感谢我的公公婆婆在这几年给我的帮助，每次在西安长待，他们都尽心尽力地帮我照看孩子，让我没有后顾之忧。感谢我的七个哥哥和六个姐姐在生活和精神上给我的帮助与支持，直到父亲要求我陪他走完人生最后时光！感谢我的众位小辈对我的支持与鼓励。感谢我的老公武国强，感谢双方亲人的帮忙，老公五年如一日，工作之余默默地忙碌，默默地奉献，老公用尽了他业余所有的精力与时间关心我，陪伴我，温暖我，支持我，感谢你！希望本书的出版能给你带去幸福与温暖！感谢我的女儿享享，她用她的健康、懂事、活泼支持着我，温暖着我，快乐着我，感谢你！

感谢所有帮助过我的人！